水利工程建设监理基础与实务

董长兴　潘远友　赵国富　尹志友　李彦华　编著

黄河水利出版社

·郑州·

内 容 提 要

本书根据作者多年来从事水利工程建设监理工作的实践和近年来在南水北调工程施工现场参加监理培训教学的切身体会,针对目前监理行业人才现状和监理工作的实际需要,采取知识问答和专题讲座的形式,对水利工程建设监理进行全面阐述。本书主要内容包括工程建设监理基本知识,施工阶段的监理工作,安全监理,监理信息管理,国家重点水利工程建设监理案例,建设监理相关法规、合同管理,监理培训专题选粹等。

本书可供从事建设工程设计、施工、监理等工作的科技人员参考,也可作为建设监理从业人员入门培训和工科院校教学参考教材。

图书在版编目(CIP)数据

水利工程建设监理基础与实务/董长兴等编著. —郑州:黄河水利出版社,2014.3

ISBN 978 - 7 - 5509 - 0747 - 8

Ⅰ.①水…　Ⅱ.①董…　Ⅲ.①水利工程 - 监理工作　Ⅳ.①TV523

中国版本图书馆 CIP 数据核字(2014)第 047206 号

出　版　社:黄河水利出版社
　　　　　　地址:河南省郑州市顺河路黄委会综合楼14层　　邮政编码:450003
发行单位:黄河水利出版社
　　　　　　发行部电话:0371 - 66026940、66020550、66028024、66022620(传真)
　　　　　　E-mail:hhslcbs@126.com
承印单位:河南省瑞光印务股份有限公司
开本:850 mm×1 168 mm　1/32
印张:7.25
字数:182 千字　　　　　　　　　　印数:1—1 500
版次:2014 年 3 月第 1 版　　　　　　印次:2014 年 3 月第 1 次印刷
定价:20.00 元

前　言

推行建设监理制是我国工程建设领域管理体制的一项重大改革。自1988年7月建设部颁发《关于开展建设监理工作的通知》以来,经过多年的努力和实践,我国建设监理事业已取得了长足的发展。工程建设监理队伍逐渐发展壮大,工程监督机制遍及全国各个建设项目工地,并在提高工程质量、加快工程建设速度、降低工程建设造价、提高工程经济效益等方面获得丰硕成果。

为了帮助初涉监理行业的监理人员熟悉、掌握和运用建设监理有关理论知识、履职技能、法律法规,促进建设监理实践经验交流,进一步提高监理服务水平,作者根据多年来从事工程建设监理工作的实践体会,同时吸取了国家大中型水利工程开展监理培训工作的经验和典型案例,并广泛参阅了工程建设权威专家的有关优秀学术成果及相关监理文件、资料,针对建设工程特别是水利工程的特点,编写了《水利工程建设监理基础与实务》一书,以适应工程建设日益发展的需要。

本书的编写工作由董长兴、潘远友、赵国富、尹志友、李彦华共同完成,由董长兴、潘远友策划统稿。

本书在编写过程中,得到了驻马店市水利局、驻马店市鑫桥工程建设监理有限公司、河南华水工程监理有限公司、河南金鼎工程管理有限公司、广东顺水工程建设监理有限公司等单位广大监理人员多方指导帮助;享受国务院政府特殊津贴专家郭汉生高级工程师为本书审稿;上海市《建设监理》编辑部为本书提供部分专业成果与资料。在此,诚致衷心感谢!

由于作者水平所限，书中难免有不当及错漏之处，恳请专家、同行和读者指正。

作　者

2014 年 3 月

目　录

第一章 工程建设监理基本知识

1. 什么是工程建设监理？

答：工程建设监理是指社会化、专业化的工程建设监理单位，在接受工程建设项目业主的委托和授权之后，对工程建设参与者的行为的监控、指导和评价，它包括咨询、监督、管理、协调和服务等内容。从宏观上来讲，我国的建设监理具有对建设项目的咨询和实施的含义，包括对建设项目进行调查研究、质量评估、组织设计、指导施工、监督验收等内容。

在工程建设监理过程中，监理执行者依据建设行政法规、技术标准和双方合同，综合运用法律以及经济措施、行政措施、技术标准和有关政策，约束建设行为的随意性和盲目性，以确保工程项目达到预期要求的目的。

2. 我国的建设监理制度是如何发展起来的？

答：1982年我国开工建设的鲁布革水电站引水工程，由于引进了世界银行的贷款，世界银行按照国际惯例要求实行工程建设监理，因此中国内地首次在建设过程中设置了工程建设监理。事后证明，鲁布革水电站引水工程建设监理产生了明显的经济效益，这在我国工程建设界引起了巨大的轰动。此后，京津塘高速公路实施工程建设监理，在工程质量方面取得了突出的成绩，赢得了国内外的广泛好评。这些工程建设项目实施工程建设监理的试验，使工程建设监理逐步被我国工程建设界了解。

1988年7月25日，建设部颁发了《关于开展建设监理工作的通知》，通知指出，实施建设监理制度是一项重大改革，其目的是提高我国的投资效益和建设水平，确保国家建设计划和工程合同的有效实施，并逐步建立起工程建设领域的社会主义市场经济新秩序。该通知的颁布，标志着我国工程建设领域的改革进入了一个新的阶段，即参照国际惯例，结合中国国情，建立中国特色的建设监理制。

1995年12月，国家建设部、国家计委联合颁布了《工程建设监理规定》，明确了工程建设监理的管理机构及职责，工程建设监理的范围、内容及监理程序，从而自1996年起，我国的建设监理转入全面推行阶段；2000年，我国颁布《建设工程监理规范》（GB 50319—2000），建设监理进入有序发展阶段。

3. 我国工程建设监理分为哪几类？

答：我国工程建设监理分为政府监理和社会监理两类。

政府监理是指政府主管工程建设的有关部门对建设单位的建设行为实施强制性的监理和对社会建设监理单位实行监督和管理。

社会监理是指经政府建设主管部门审批核准的，受建设单位委托，执行监理任务的企事业单位，对工程建设实施监督和管理；建设监理单位采取组织、技术、经济合同措施等对所监理项目的投资、质量、工期等目标及合同的履行进行有效的控制，使工程建设项目达到保质、低耗并如期建成。

4. 政府建设监理具有什么性质？

答：政府建设监理是政府主管建设的有关部门对建设工程项目的全过程依法监督和管理，以维护国家利益和保证建设市场秩序的稳定。它具有以下性质：

（1）强制性。其执行机构实施的管理行为，对被管理者来说，只能是强制性的，必须接受其管理。

（2）执法性。它不同于一般性的行政管理，主要依据国家政策、法律、法规、政府批准的建设计划、规划设计文件以及依法订立的工程承包合同进行政府建设监理，并严格遵照规定的监理程序行使监督检查、许可、纠正、强制执行等权力。

（3）全面性。针对整个建设活动而言，所有建设工程必须接受政府监理。因此，它贯穿于建设的全过程，即从建设项目立项、设计、施工直到竣工验收、投入使用。政府建设监理侧重于宏观的社会效益，主要是保证建设行为的规范性，维护公共利益和工程参建各方的合法权益。

5. 社会建设监理具有什么性质？

答：社会建设监理具有服务性、独立性、公正性和科学性。

（1）服务性：社会建设监理单位通过为建设单位（业主）提供工程建设管理、经济和法律方面的专业人才来为工程建设服务。监理工程师及监理员在工程建设活动中，进行组织协调、监理和控制，以保证工程建设合同顺利实施，并监督建设工程严格遵守国家有关建设标准和规范。

社会建设监理单位是接受项目业主的委托而开展技术活动的。因此，它的直接服务对象是委托方，也就是项目业主。这种服务的活动，是按建设工程委托监理合同来进行的，按照工程规模、技术复杂程度等来计取服务酬金。

（2）独立性：从事工程建设监理活动的监理单位，是直接参与工程项目建设的"三方当事人"之一，它与项目业主、承包人之间的关系是平等的、横向的。在项目建设中，监理单位是独立的一方，其独立性主要表现在：

①建设监理单位与建设单位是合同约定关系，项目法人不得擅自更改总监理工程师的指令。

②建设单位与建设监理单位是委托与被委托的关系，建设监理单位与承包人是监督与被监督的关系。因此，建设监理单位是

独立于建设单位、承包人双方以外的第三方,它行使监理合同所确认的职权,同时承担相应的法律责任。

(3)公正性:建设监理单位和监理工程师在工程建设过程中,一方面应当严格履行监理合同的各项义务,竭诚为业主服务,另一方面应当成为公正的第三方,以公正的态度对待委托方(业主)和被监理方(承包方)。特别是当业主和承包方发生利益冲突或矛盾时,建设监理单位和监理工程师应以事实为依据,以有关法律、法规和双方所签订的工程建设合同为准绳,以第三方立场作出公正的证明、决定或行使自己的处理权。

(4)科学性:建设监理单位是智力密集型的组织,按照国际惯例,社会建设监理单位的监理工程师都必须具有相当学历,并有长期从事工程建设工作的丰富经验,精通技术与管理,通晓经济与法律,经权威机构考核,并经政府主管部门登记、注册、领取证书,方能取得合法资格。因此,建设监理单位和监理工程师是依靠科学知识和专业技术进行项目监理的。

6.建设监理在工程项目实施阶段的指导思想是什么?

答:建设监理在工程项目实施阶段的指导思想是:以工程建设项目目标(投资目标、工期目标、质量目标)管理为中心,通过项目目标规划与动态目标控制,尽可能好地实现项目目标,以提高建设水平和投资效益。其中,项目目标规划就是监理工作规划,在项目实施时,就是监理工作计划,它反映了监理工作中的投资控制、进度控制、质量控制、合同管理、现场管理及组织协调,这就是所谓的"三控、两管、一协调"。动态目标控制是指在项目实施过程中,定期地将项目目标计划值与实际值进行比较,若发现未达到目标计划值,则要采取措施,同时也要对目标计划值再进行规划,以确保项目总目标的实现。为了保证项目目标实现,主要应做好以下两点:①紧密结合工程建设实际,做好监理规划;②实施科学的动态项目目标控制。

7. 什么是水利工程?

答:根据国家行业标准《水利工程建设项目施工监理规范》(SL 288—2003)"2 术语"中的定义,水利工程是指防洪、除涝、灌溉、发电、供水、围垦、水土保持、移民、水资源保护等工程(包括新建、扩建、改建、加固、修复)及其配套和附属工程的统称。

8. 什么是监理单位?

答:监理单位是指具有企业法人资格,取得工程建设监理资格等级证书,并与发包人签订了监理合同,提供监理服务的单位。如在南水北调中线工程施工期间承担监理任务的广东顺水工程建设监理有限公司、河南江河工程建设监理有限公司等,均为监理单位。

9. 什么是项目监理机构?

答:项目监理机构是监理单位依据监理合同派驻施工现场,由监理人员和其他工作人员组成,全面履行监理合同的临时组织机构。其名称如××工程项目监理部或××工程项目监理处。项目监理机构随着工程项目监理工作的结束而撤销。项目监理机构的组织形式应结合工程特点、规模、难易程度等因素综合考虑。附图为广东顺水工程建设监理有限公司南水北调中线工程天津干线TJ_1-J_1、TJ_1-J_2标段项目监理部组织机构结构框图。

10. 水利工程建设项目施工监理有哪些依据?

答:水利工程建设项目施工监理的依据有:

(1)国家和水利部有关工程建设的法律、法规和规章。

(2)水利行业工程建设有关技术标准及强制性条文。

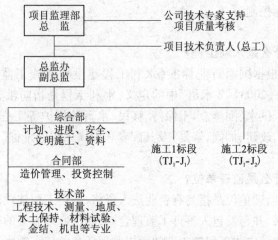

附图　广东顺水工程建设监理有限公司南水北调中线工程

天津干线 TJ_1-J_1、TJ_1-J_2 标段项目监理部组织机构结构框图

（3）经批准的工程建设项目设计文件及其他相关文件。

（4）监理合同、施工合同等合同文件。

此外,在监理过程中业主、监理等方联合签署的设计回话备忘录等均可作为监理工作的依据。

11. 什么是施工监理?

答:施工监理又叫施工阶段监理,是指监理机构依据有关规定和合同约定,对水利工程建设项目的施工全过程与工程保修阶段实施的监督管理。施工监理不包括工程建设的决策阶段和设计阶段的监理。

12. 何谓发包人? 何谓承包人?

答:发包人是指承担工程项目直接建设管理责任,委托监理业务的法人或其合法代表人。例如根据有关规定,华山水库管理局是华山水库加固改造工程项目的法人,华山水库管理局局长便是华山水库管理局的合法代表人。华山水库管理局或华山水库管理局局长均可视为发包人。

承包人是指与发包人签订了施工合同,实施工程建设项目的施工、保修的企业法人或其合法代表人。例如,如果通过招标投标程序,中原水利工程建设局承担了华山水库加固改造工程项目的施工任务,则中原水利工程建设局或中原水利工程建设局局长均可视为承包人。

13. 什么是监理人员?

答:凡在监理机构中从事工程建设监理的总监理工程师(含副总监理工程师)、监理工程师和监理员统称为监理人员。监理人员属于工程技术人员,不同于项目监理机构中的其他行政辅助人员。总监理工程师、监理工程师、监理员均系岗位职务。各级监理人员均应持证上岗。

14. 总监理工程师有哪些具体工作职责?

答:工程建设监理实行总监理工程师负责制。总监理工程师应负责全面履行监理合同中所约定的监理单位的职责。总监理工程师的主要具体工作职责有以下各项:

(1)主持编制监理规划,制定监理机构规章制度,审批监理实施细则,签发监理机构内部文件。

(2)确定监理机构各部门职责分工及各级监理人员职责权限,协调监理机构内部工作。

(3)指导监理工程师开展监理工作。负责本监理机构中监理人员的工作考核,调换不称职的监理人员;根据工程建设进展情况,调整监理人员。

(4)主持审核承包人提出的分包项目和分包人,报发包人批准。

（5）审批承包人提交的施工组织设计、施工措施计划、施工进度计划、资金流计划。

（6）组织或授权监理工程师组织设计交底,签发施工图纸。

（7）主持第一次工地会议,主持或授权监理工程师主持监理例会和监理专题会议。

（8）签发合同项目进场通知、合同项目开工令、分部工程开工通知、暂停施工通知和复工通知等重要监理文件。

（9）组织审核付款申请,签发各类付款证书。

（10）主持处理合同违约、变更和索赔等事宜,签发变更和索赔有关文件。

（11）主持施工合同实施中的协调工作,调解合同争议,必要时对施工合同条款作出解释。

（12）要求承包人撤换不称职或不宜在本工程工作的现场施工人员或技术、管理人员。

（13）审核质量保证体系文件并监督其实施情况;审批工程质量缺陷的处理方案;参与或协助发包人组织处理工程质量及安全事故。

（14）组织或协助发包人组织工程项目的分部工程验收、单位工程完工验收、合同项目完工验收,参加阶段验收、单位工程投入使用验收和工程竣工验收。

（15）签发工程移交证书和保修责任终止证书。

（16）检查监理日记;组织编写并签发监理月报、监理专题报告、监理工作报告;组织整理监理合同文件和档案资料。

15. 总监理工程师不得将哪些工作授权给副总监理工程师或监理工程师?

答:总监理工程师不得将以下工作授权给副总监理工程师或监理工程师:

（1）主持编制监理规划，审批监理实施细则。

（2）主持审核承包人提交的分包项目和分包人。

（3）审批承包人提交的施工组织设计、施工措施计划、施工进度计划和资金流计划。

（4）主持第一次工地会议，签发合同项目进场通知、合同项目开工令、暂停施工通知、复工通知。

（5）签发各类付款证书。

（6）签发变更和索赔有关文件。

（7）要求承包人撤换不称职或不宜在本工程工作的现场施工人员或技术、管理人员。

（8）签发工程移交证书和保修责任终止证书。

（9）签发监理月报、监理专题报告和监理工作报告。

16. 监理工程师有哪些具体工作职责？

答：监理工程师应按照总监理工程师所授予的职责权限开展监理工作，是执行监理工作的直接责任人，并对总监理工程师负责。监理工程师的主要具体工作职责包括以下各项：

（1）参与编制监理规划，编制监理实施细则。

（2）预审承包人提交的分包项目和分包人。

（3）预审承包人提交的施工组织设计、施工措施计划、施工进度计划和资金流计划。

（4）预审或经授权签发施工图纸。

（5）核查进场材料、构配件、工程设备的原始凭证、检测报告等质量证明文件及其质量情况。

（6）审批分部工程开工申请报告。

（7）协助总监理工程师协调参建各方之间的工作关系。按照职责权限处理施工现场发生的有关问题，签发一般监理文件和指示。

（8）检验工程的施工质量，并予以确认或否认。

（9）审核工程计量的数据和原始凭证，确认工程计量结果。

（10）预审各类付款证书。

（11）提出变更、索赔及质量和安全事故处理等方面的初步意见。

（12）按照职责权限参与工程的质量评定工作和验收工作。

（13）收集、汇总、整理监理资料，参与编写监理月报，填写监理日记。

（14）施工中发生重大问题和遇到紧急情况时，及时向总监理工程师报告、请示。

（15）指导、检查监理员的工作。必要时，可向总监理工程师建议调换监理员。

17. 监理员有哪些具体工作职责？

答：监理员应按被授予的职责权限开展监理工作，其主要具体工作职责包括以下各项：

（1）核实进场材料质量检验报告和施工测量成果报告等原始资料。

（2）检查承包人用于工程建设的材料、构配件、工程设备使用情况，并做好现场记录。

（3）检查并记录现场施工程序、施工工法等实施过程情况。

（4）检查和统计计日工情况。核实工程计量结果。

（5）核查关键岗位施工人员的上岗资格。检查、监督工程现场施工安全和环境保护措施的落实情况，发现异常情况及时向监理工程师报告。

（6）检查承包人的施工日记和试验室记录。

（7）核实承包人质量评定的相关原始记录。

（8）编写施工现场的监理日记。

（9）实施旁站监理。

18. 监理机构进驻工程项目应准备哪些监理设施？

答：首先，由建设单位提供委托监理合同约定的满足监理工作需要的办公、交通、通信、生活设施。项目监理机构应妥善保管和使用建设单位提供的设施，并应在完成监理工作后移交给建设单位。其次，项目监理机构应根据工程项目类别、规模、技术复杂程度、工程项目所在地的环境条件，按委托监理合同的约定，自行配备满足监理工作需要的常规检测设备和工具，如回弹仪、水准仪、钢尺及文印打字设备等。此外，在大中型工程项目的监理工作中，项目监理机构还应实施监理工作计算机辅助管理。

19. 实施水利工程建设监理主要有哪些工作方法？

答：实施水利工程建设监理主要有以下几种工作方法：

（1）现场记录：监理机构认真、完整记录每日施工现场的人员、设备和材料、天气、施工环境以及施工中出现的各种情况。

（2）发布文件：监理机构采用通知、指示、批复、签认等文件形式进行施工全过程的控制和管理。

（3）旁站监理：监理机构按照监理合同约定，在施工现场对工程项目的重要部位和关键工序的施工，实施连续性的全过程检查、监督与管理。

（4）巡视检验：监理机构对所监理的工程项目进行定期或不定期的检查、监督和管理。

（5）跟踪检测：在承包人进行试样检测前，监理机构对其检测人员、仪器设备以及拟订的检测程序和方法进行审核；在承包人对试样进行检测时，实施全过程的监督，确认其程序、方法的有效性以及检测结果的可信性，并对该结果确认。

（6）平行检测：监理机构在承包人对试样自行检测的同时，独立抽样进行检测,核验承包人的检测结果。

(7)协调解决:监理机构对参加工程建设各方之间的关系以及工程施工过程中出现的问题和争议进行调解。

20. 实施水利工程建设监理主要有哪些工作制度?

答:实施水利工程建设监理主要有以下几种工作制度:

(1)技术文件审核、审批制度。根据施工合同约定由双方(业主与承包人)提交的施工图纸、施工组织设计、施工措施计划、施工进度计划、开工申请等文件均应通过监理机构核查、审核或审批方可实施。

(2)材料、构配件和工程设备检验制度。进场材料、构配件和工程设备应有出厂合格证明和技术说明书,经承包人自检合格后,方可报监理机构检验。不合格的材料、构配件和工程设备应按监理指示在规定时限内运离工地或进行相应处理。

(3)工程质量检验制度。承包人每完成一道工序或一个单元工程,都应经过自检。自检合格后,方可报监理机构进行复核检验。上道工序或上一单元工程未经复核检验或复核检验不合格,不得进行下道工序或下一单元工程施工。

(4)工程计量付款签证制度。所有申请付款的工程量均应进行计量并经监理机构确认。未经监理机构签证的付款申请,发包人不应支付。

(5)会议制度。监理机构应建立会议制度,包括第一次工地会议、监理例会和监理专题会议。会议由总监理工程师或由其授权监理工程师主持。工程建设有关各方应派员参加。各次会议应符合下列要求:

①第一次工地会议。第一次工地会议应在合同项目开工令下达前举行,会议内容应包括工程开工准备检查情况,介绍各方负责人及其授权代理人和授权内容,沟通相关信息,进行监理工作交

底。会议的具体内容可由有关各方在会前约定。会议由总监理工程师或总监理工程师与发包人联合主持召开。

②监理例会。监理机构应定期主持召开由参建各方负责人参加的会议,会上应通报工程进展情况,检查上次监理例会中有关决定的执行情况,分析当前存在的问题,提出问题的解决方案或建议,明确会后应完成的任务。会议应形成会议纪要。

③监理专题会议。监理机构应根据需要,主持召开监理专题会议,研究解决施工中出现的涉及施工质量、施工方案、施工进度、工程变更、索赔、争议等方面的专门问题。

④总监理工程师应组织编写由监理机构主持召开的会议纪要,并分发与会各方。

(6)施工现场紧急情况报告制度。监理机构应针对施工现场可能出现的紧急情况编制处理程序、处理措施等文件。当发生紧急情况时,监理机构应立即向发包人报告,并指示承包人立即采取有效紧急措施进行处理。

(7)工作报告制度。监理机构应及时向发包人提交监理月报或监理专题报告;在工程验收时,提交监理工作报告;在监理工作结束后,提交监理工作总结报告。上述报告的内容参照《水利工程项目施工监理规范》的要求编写。

(8)工程验收制度。在承包人提交验收申请后,监理机构应对其是否具备验收条件进行审核,并根据有关水利工程验收规程或合同约定,参与、组织或协助发包人组织工程验收。

21. 如何理解业主与监理单位之间的经济合同关系?

答:业主与监理单位之间的委托与被委托关系确立后,双方订立合同,即工程建设监理合同。合同一经双方签订,这项交易就意味着成立。业主是买方,监理单位是卖方,即业主出钱购买监理单位的智力劳动。如果有一方不接受对方的要求,对方又不肯退让,或者有一方不按双方的约定履行自己的承诺,那么,这项交易就不能成交。也就是说,双方都有自己经济利益的需求,监理单位不会无偿地为业主提供服务,业主也不会对监理单位施舍,双方的经济利益以及各自的职责和义务都体现在签订的监理合同中。但是,工程建设监理合同毕竟与其他经济合同不同,这是由监理单位在建筑市场中的特殊地位所决定的。众所周知,业主、监理单位、承包人是建筑市场三元结构的三大主体,业主发包工程建设业务,承包人承包工程建设业务,在这项交易活动中,业主向承包人购买建筑商品(或阶段性建筑产品),买方总想少花钱而买到好商品,卖方总想在销售商品中获得较高的利益。监理单位的责任是既要帮助业主购买到合适的建筑商品,又要维护承包人的合法权益。或者说,监理单位与业主签订的监理合同,不仅表明监理单位要为业主提供高智能服务,维护业主的合法权益,而且也表明,监理单位有责任维护承包人的合法权益,这在其他经济合同中是难以找到的条款。可见,监理单位在建筑市场的交易活动中处于建筑商品买卖双方之间,起着维系公平交易、等价交换的制衡作用。因此,不能把监理单位单纯地看成是业主利益的代表。

22. 如何理解业主与监理单位之间授权与被授权的关系?

答:监理单位接受委托之后,业主就把一部分工程项目建设的管理权力授予监理单位。诸如工程建设的组织协调工作的主持权,设计质量和施工质量以及建筑材料与设备质量的确认权与否决权,工程量与工程价款支付的确认权与否决权,工程建设进度和建设工期的确认权与否决权,以及围绕工程项目建设的各种建议权等。而业主往往留有工程建设规模和建设标准的决定权,对承包人的选择权,与承包人订立合同的签认权,以及工程竣工后或分阶段的验收权等。

23. 什么是监理大纲？它的主要作用有哪些？

答:监理大纲是监理单位在业主委托监理过程中为承揽监理业务而编制的规划性文件。它的主要作用有两个:一是使业主认可监理大纲中的监理方案,从而承揽到监理业务;二是为今后开展监理工作制订方案。其内容是根据监理招标文件的要求制订的。监理大纲内容包括:监理单位拟派往项目上的主要监理人员,并对派出监理人员的资质情况进行介绍;监理单位根据业主提供的和自己初步掌握的工程信息制订准备采用的监理方案;明确说明将提供给业主的、反映监理阶段性成果的文件。

24. 什么是监理规划？

答:监理规划是在监理单位与发包人签订监理委托合同之后,由总监理工程师主持编制,并经监理单位技术负责人批准的用来指导项目监理机构全面开展监理工作的指导性文件。监理规划的编制应在监理大纲的基础上,结合承包人报批的施工组织设计、施工进度计划并针对项目的实际情况,明确项目监理机构的工作目标,确定具体的监理工作制度、程序、方法和措施,并应具有可操作性。

在监理工作实施过程中,当实际情况或条件发生重大变化而需要调整监理规划时,应由总监理工程师组织专业监理工程师研究修改,按原报审程序经过批准后报建设单位。

25. 监理规划应包括哪些具体内容？

答:监理规划应根据不同工程项目的性质、规模、工作内容等实际情况编制。具体内容如下:

（1）工程项目基本概况。包括工程项目的名称、性质、等级、建设地点、自然条件与外部环境,工程项目组成及规模、特点,工程项目建设目的。

（2）工程项目主要目标。包括工程项目总投资及组成、计划工期（包括项目阶段性目标的计划开工日期和完工日期）、质量目标。

（3）工程项目组织。包括工程项目主管部门、发包人、质量监督机构、设计单位、承包人、监理单位、材料设备供货人的简况。

（4）监理工程范围和内容。包括发包人委托监理的工程范围和服务内容等。

（5）监理主要依据。包括开展监理工作所依据的法律、法规、规章，国家及部门颁发的有关技术标准，批准的工程建设文件和有关合同文件、设计文件等的名称、文号等。

（6）监理组织。包括现场监理机构的组织形式与部门设置，部门分工与协作，主要监理人员的配置和岗位职责等。

（7）监理工作基本程序。

（8）监理工作主要方法和主要制度。包括技术文件审核与审批、工程质量检验、工程计量与付款签证、会议、施工现场紧急情况处理、工作报告、工程验收等方面的监理工作具体方法和制度。

（9）监理人员守则和奖惩制度。

26. 什么是监理实施细则？它有哪些主要内容？

答：监理实施细则是根据监理规划，由专业监理工程师编制，并经总监理工程师批准，针对工程项目中某一专业或某一方面监理工作的操作性文件。例如：模板工程监理实施细则、钢筋混凝土工程监理实施细则等。对中型及以上或专业性较强的工程项目，项目监理机构应编制监理实施细则。监理实施细则应符合监理规划的要求，并应结合工程项目的专业特点，做到详细具体，具有可操作性。

监理实施细则应包括下列主要内容：①专业工程的特点；②监理工作的流程；③监理工作的控制要点及目标值；④监理工作的方

法及措施。

在监理工作实施过程中,监理实施细则应根据实际情况进行补充、修改和完善。

27. 监理实施细则的编制程序与依据应符合哪些规定?

答:监理实施细则的编制程序与依据应符合下列规定:

(1)监理实施细则应在相应工程施工开始前编制完成,并须经总监理工程师批准。

(2)监理实施细则应由专业监理工程师编制。

(3)编制监理实施细则的依据有:①已批准的监理规划;②与专业工程相关的技术标准;③施工组织设计。

28. 监理单位开展监理工作应遵守哪些规定?

答:监理单位开展监理工作应遵守以下各项规定:

(1)严格遵守国家法律、法规、规章和政策,维护国家利益、社会公共利益和工程建设当事人各方合法权益。

(2)不得与所承担监理项目的承包人、设备和材料供货人发生经营性隶属关系,也不得是这些单位的合伙经营者。

(3)禁止转让、挂靠和违法分包监理业务。

(4)不得聘用无监理岗位证书的人员从事监理业务。

(5)禁止采取不正当竞争手段获取监理业务。

29. 监理人员在执业过程中应遵守哪些规则?

答:监理人员在执业过程中应遵守以下各项规则:

(1)遵纪守法,坚持求实、严谨、科学的工作作风,全面履行义务,正确运用权限,勤奋、高效地开展监理工作。

(2)努力钻研业务,熟悉和掌握建设项目管理知识和专业技术知识,提高自身素质和技术、管理水平。

（3）提高监理服务意识，增强责任感，加强与工程建设有关各方的协作，积极、主动开展工作，尽职尽责，公正廉洁。

（4）未经许可，不得泄露与本工程有关的技术和商务秘密，并应妥善做好发包人所提供的工程建设文件资料的保存、回收及保密工作。

（5）除监理工作联系外，不得与承包人和材料、工程设备供货人有其他业务关系和经济利益关系。

（6）不得出卖、出借、转让、涂改、伪造资格证书或岗位证书。

（7）监理人员只能在一个监理单位注册。未经注册单位同意，监理人员不得承担其他监理单位的监理业务。

（8）遵守职业道德，维护职业信誉，严禁徇私舞弊。

30. 工程建设监理单位的经营准则是什么？

答：工程建设监理单位的经营准则是"守法、诚信、公正、科学"。

31. 监理单位的"守法"有哪些具体要求？

答：守法，这是任何一个具有民事行为能力的单位或个人最起码的行为准则。监理单位的守法，就是要依法经营，有以下具体要求：

（1）监理单位只能在核定的业务范围内开展经营活动。核定的业务范围，是指监理单位资质证书中填写的、经建设监理资质管理部门审查确认的经营范围。核定的业务范围有两层内容：一是监理业务的性质，二是监理业务的等级。核定的经营业务范围以外的任何业务，监理单位均不得承接；否则，就是违法经营。

（2）监理单位不得伪造、涂改、出租、出借、转让、出卖资质等级证书。

（3）工程建设监理合同一经双方签订，即具有一定的法律约束力(无效合同除外),监理单位应认真履行合同的规定,不得无故或故意违背自己的承诺。

（4）监理单位离开原住所承接监理业务,要自觉遵守当地人民政府颁发的监理法规的有关规定,并要主动向监理工程所在地的省、自治区、直辖市建设行政主管部门备案登记,接受其指导和监督管理。

（5）监理单位应遵守国家关于企业法人的其他法律、法规的规定,包括行政、经济和技术等方面的规定。

32. 如何理解监理单位的"诚信"执业?

答:诚信,就是忠诚老实、讲信用,它是考核企业信誉的核心内容。监理单位向业主和社会提供的是技术服务,是看不见、摸不着的无形产品,尽管它最终由建筑产品体现出来,但是如果监理单位提供的技术服务有问题,就会造成不可挽回的损失。此外,技术服务水平的高低弹性很大。例如对工程建设投资或质量的控制,就涉及工程建设的各个环节,一个高水平的监理单位可以尽自己的能力最大限度地把投资控制和质量控制搞好,但是却以低水准的要求,把工作做得勉强能交代过去,没有为业主提供与其监理水平相适应的技术服务;或者本来没有较高的监理能力,却在竞争承担监理业务时,有意夸大自己的能力;或者借故不认真履行监理合同规定的义务和职责等,都是不讲诚信的行为。

对于监理单位而言,任何一个监理人员做不到诚信,都会给自己和单位的信誉带来很大影响,甚至会影响到监理事业的发展。所以,诚信是监理单位经营准则的重要内容之一。

33. 如何理解监理单位的"公正"?

答:公正,主要是指监理单位在协调处理业主与承包人之间的矛盾和纠纷时,要站在公正的立场上,做到"一碗水端平",是谁的责任,就由谁承担;该维护谁的权益,就维护谁的权益,决不能因为监理单位是受业主的委托进行监理,就偏袒业主。

34."科学"监理有哪些具体内容?

答:科学,是指监理单位的监理活动要依据科学的方案,运用科学的手段,采取科学的方法。工程项目结束后,还要进行科学的总结。

科学的方案,就是在实施监理前,要尽可能地把各种问题都列出来,并拟订解决办法,使各项监理活动都纳入计划管理的轨道。要集思广益,充分运用已有的经验和智能,制订出切实可行、行之有效的监理方案,指导监理活动顺利地进行。

科学的手段,就是必须借助于先进的科学仪器,如已普遍使用的计算机,各种检测仪、试验仪等,才能做好监理工作。单凭人的感官直接进行监理,这是最原始的监理手段。

科学的方法,主要体现为监理人员在掌握大量的、确凿的有关监理对象及其外部环境实际情况的基础上,适时、妥帖、高效地处理有关问题,要"用事实说话"、"用书面文字说话"、"用数据说话",利用计算机进行辅助监理等。

第二章 施工阶段的监理工作

1. 水利工程项目开工前,总监理工程师如何做好与业主及总承包人的沟通工作?

答:做好与业主及总承包人的沟通工作至关重要。首先,要了解业主除监理合同规定的内容外,还有哪些要求及授权,告诉业主监理工作是"三控、两管、一协调"的系统工作,任何一方面出现弱势,都可能给工程带来危害。要争取业主充分授权。同时,还要告知业主,应充分理解监理工作的独立性,尽量避免业主对工程的不规范介入,除确有必要外,应尽量少指定分包人。因为从目前状况来看,凡指定的分包人能够积极服从总承包人的管理的情况很少,一旦分包人出了问题,先找监理,监理再找业主代表及总承包人,无形中增加了许多额外工作。大部分总承包人都回避对分包人的管理。所以,总承包人、分包人之间扯皮、推诿多,不利于工程施工。

其次,还要与总承包人沟通。监理与总承包人的关系虽然是监督与被监督的关系,但沟通是不可缺少的。在施工中,沟通少或不及时,易造成总承包人对监理人员的抵触情绪。因此,总监理工程师应将工程管理中需要解决的问题,事先跟总承包人沟通,特别是施工前的第一次沟通更为重要:让其接受监理规划中的要求,使其对"三控、两管、一协调"等目标管理心中有数,不致出现僵局。

2. 项目监理机构开工前需要准备哪些资料?

答:项目监理机构开工前需要准备的资料有:

（1）基础资料：①监理合同；②项目监理机构监理人员组成及分工；③已批准的监理规划；④监理单位对项目监理机构及人员的授权任命书。

（2）建设单位向项目监理机构提供的资料：①有关工程项目开工文件——立项许可、投资许可、土地使用许可、规划许可、设计审批、施工许可等；②图纸及设计文件；③承包单位中标通知与标价、预算；④施工承包合同；⑤水准点、坐标点；⑥地质、水文及勘察报告；⑦建设单位与有关单位签订的协议；⑧业主代表。

（3）承包人提供的有关资料：①施工资质证明及营业执照；②特殊工种（起重、爆破、电焊、高空作业、防水等）上岗证；③施工组织设计、施工方案；④企业等级、信誉等级；⑤安全许可与安全资格审查认可证明；⑥试验室资质等级证明及检验证明；⑦承包单位项目管理人员组成及工程技术人员等；⑧机械数量、型号、性能等；⑨水准点复核记录；⑩分包单位资质证明。

3. 项目监理机构如何做好施工图纸的核查与签发工作？

答：施工图纸的核查与签发应符合下列规定：

（1）监理机构收到施工图纸后，应在施工合同约定的时间内完成核查或审批工作，确认后签字、盖章。

（2）监理机构应在与有关各方约定的时间内，主持或与发包人联合主持召开施工图纸技术交底会议，并由设计单位进行技术交底。

（3）项目监理人员应参加施工图纸技术交底会议，并在技术交底前，由总监理工程师组织监理人员熟悉设计文件，对图纸存在的问题通过建设单位向设计单位提出书面意见和建议。会议情况应记录在案，收入监理资料备查。总监理工程师应对设计技术交底会议纪要进行签认。

4. 监理机构如何管理工程分包?

答:管理工程分包必须符合下列规定:

(1)监理机构必须认真审核分包单位的资格,包括:①分包单位的营业执照、企业资质等级证书、特殊行业施工许可证、国外(境外)企业在国内承包工程许可证;②分包单位的业绩;③拟分包工程的内容和范围;④分包单位专职管理人员的特种作业人员的资格证、上岗证。

(2)监理机构必须在施工合同约定允许分包的工程项目范围内,对承包人的分包申请进行审核,并报发包人批准。

(3)只有在分包项目最终获得发包人批准,承包人与分包人签订了分包合同后,监理机构才能允许分包人进入工地。

(4)监理机构应加强对分包工程的监督管理,具体包括以下内容:

①监理机构应要求承包人加强对分包人和分包工程项目的管理,加强对分包人履行合同的监督;

②分包工程项目的施工技术方案、开工申请、工程质量检验、工程变更和合同支付等,应通过承包人向监理机构申报;

③分包工程只有在承包人检验合格后,才可由承包人向监理机构提交验收申请报告。

5. 水利工程项目开工前,发包人应提供哪些施工条件?

答:水利工程项目开工前,发包人应提供以下施工条件:

(1)首批开工项目施工图纸和文件的供应。

(2)测量基准点的移交。

(3)施工用地。

(4)首次工程预付款的付款。

(5)施工合同中约定应由发包人提供的道路、供电、供水、通信等条件。

6. 水利工程项目开工前,监理机构如何对承包人的施工准备情况进行检查?

答:水利工程项目开工前,监理机构必须对承包人的下列施工准备情况进行认真检查:

(1)承包人派驻现场的主要管理、技术人员数量及资格是否与施工合同文件一致。如有变化,应重新审查并报发包人认定。

(2)承包人进场施工设备的数量、规格、性能是否符合施工合同约定要求。

(3)检查进场材料、构配件的质量、规格、性能是否符合有关技术标准和技术条款的要求,材料的储存量是否满足工程开工及随后施工的需要。

(4)承包人试验室应具备的条件是否符合有关规定要求。

(5)督促承包人对发包人提供的测量基准点进行复核,并督促承包人在此基础上完成施工测量控制网的布设及施工区原始地形图的测绘。

(6)砂石料系统、混凝土拌和系统以及场内道路、供水、供电、供风等施工辅助设施的准备。

(7)承包人的质量保证体系。

(8)承包人的施工安全、环境保护措施,规章制度的制定及关键岗位施工人员的资格。

(9)审批承包人提交的中标后的施工组织设计、施工措施计划、施工进度计划和资金流计划等技术资料。

(10)审批应由承包人负责提供的设计文件和施工图纸。

(11)审核按照施工规范要求需要进行的各种施工工艺参数的试验情况。

(12)审核承包人在施工准备完成后递交的项目工程开工申请报告。

7. 合同项目开工应遵守哪些规定?

答:合同项目开工应遵守下列规定:

(1)监理机构应在施工合同约定的期限内,经发包人同意后向承包人发出进场通知,要求承包人按约定及时调遣人员、施工设备、材料进场进行施工准备。进场通知中应明确合同工期起算日期。

(2)监理机构应协助发包人向承包人移交施工合同约定由发包人提供的施工用地、道路、测量基准点以及供水、供电、通信设施等开工的必要条件。

(3)承包人完成开工准备后,应向监理机构提交开工申请。监理机构在检查发包人和承包人的施工准备满足开工条件后,签发开工令。

(4)由于承包人原因使工程未能按施工合同约定时间开工,监理机构应通知承包人在约定时间内提交赶工措施报告并说明延误开工原因。由此增加的费用和工期延误造成的损失由承包人承担。

(5)由于发包人原因使工程未能按施工合同约定时间开工,监理机构在收到承包人提出的顺延工期的要求后,应立即与发包人和承包人共同协商补救办法。由此增加的费用和工期延误造成的损失由发包人承担。

8. 监理工程师如何校测水准点?

答:由设计单位给定的水准点是向现场引测标高控制点的依据。若设计单位只提供一个水准点(或标高依据点),监理工程师直接或间接通过业主请设计单位负责保证其准确性。一般设计单位至少提供两个水准点,此时,监理工程师应要求承包人或会同承包人用往返测法测定其高差。若所测高差平均值不超过 $\pm\sqrt{5n}$ mm(n 为测站数),可认定所给水准点及其标高正确,准予使用。若校测中发现问题,监理工程师应与设计单位或城市规划部门联系,妥善处理,办好手续后,方可允许使用。

9. 监理工程师如何监控场地平整测量?

答:场地平整测量是承包人在施工前实测场地地形,按竖向规划进行场地平整,测设场地控制网和对建筑物定位放线的一项工作。场地平整测量需要在现场测设方格网。现场监理工程师的任务主要是检测承包人测设的方格网及方格点的标高,并在测设图纸上签署意见。承包人在平整场地时,据此计算填土与挖土的土方量,作为该项土方工程结算的依据。

10. 监理工程师如何对水工建筑物竖向施工测量进行监控?

答:承包人在基础工程完工后,对水工建筑物轴线桩进行认真校测,经校测无误后,将建筑物轮廓和各细部轴线精确地弹测到±0.000基础平面上,随后向上投测,以作为建筑物结构竖向控制的依据。监理工程师对上述工作应进行检测,或在承包人投测时,在旁监测,以保证测设质量。

当施工场地比较宽阔时,可用经纬仪进行外控施测;当施工场地窄小,无法在建筑物之外的轴线上安装经纬仪施测时,可用内控法,如利用激光铅直仪施测。

11. 监理工程师如何对水工建筑物沉降观测实施监控?

答:水工建筑物的沉降观测点一般设在基础面±0.000标高线上,沿建筑物纵横轴线、四角及沉降缝两侧设置,按规范要求埋设永久性观测点。第一次观测应在观测点安置稳固后进行,以后每施工一定高度,复测一次,直到竣工。沉降观测记录属于工程竣工资料。

12. 监理机构对水利工程测量控制应注意哪些问题？

答：监理机构对水利工程测量控制应注意以下问题：

（1）测量放线监理工作必须在监理规划编制中给予充分考虑，要依据不同的工程特点，由测量专业监理工程师编制监理细则，设立测量质量见证点。

（2）在审查工程项目施工组织设计时，必须认真审查承包人提供的测量控制方案，并提出完善、优化的建议；要检查承包人的测量仪器及测量人员的操作是否满足施工需要和符合规范要求。

（3）监理工程师在对测量放线成果进行复核验证时，要仔细检查测量仪器是否正常，验证测量仪器的检测结果，避免和防止错误的发生。

（4）水工建筑工程的测量放线监控工作，同样是在承包人自测自检的基础上由监理工程师对承包人申报的测量成果进行审查验证的。要特别注意防止在监控测量放线过程中混淆责任界限，致使监理工程师越俎代庖，或与承包单位施测人员"合二为一"，而导致由监理工程师直接为承包人提供施测数据或实测资料。

13. 监理工程师如何审查施工组织设计？

答：施工组织设计是承包人自行编制的用来指导施工活动的重要技术文件。施工阶段的监理任务主要是对工程进行"三控、两管、一协调"，而"三控"机制中的事前控制又是监理工作的基本原则之一。因此，对施工组织设计的审查控制是保证工程项目"三控"目标顺利实现的重要手段。施工组织设计应力求"技术先进、经济合理、施工安全、切实可行"，同时还应做到图表形象化、程序网络化，并正确处理好质量、工期和效益三者之间的关系。

施工组织设计一般应包括以下内容：编制说明、工程概况、施工部署、施工方法和施工机械选择，施工总进度计划，劳动力需用量计划，临时设计规划，施工总平面布置，施工技术措施，安全生产管理措施,材料物资机具供应计划,主要技术经济指标,工程所采用的主要标准、规范、规程编目,其他事项说明等。

审查时如发现内容不齐全或不完整,监理工程师应在施工组织设计(方案)报审表中及时提出限期补充的书面要求,避免项目监理机构延期审批造成不完整的施工组织设计自动生效的被动局面。

14. 审查施工组织设计有哪些工作程序?

答:审查施工组织设计的工作程序是:

(1)承包人必须完成施工组织设计的编制及自审工作,并填写施工组织设计(方案)报审表,报送项目监理机构。

(2)总监理工程师应在约定时间内,组织专业监理工程师审查,提出审查意见后,由总监理工程师审定批准。需要承包人修改时,由总监理工程师签发书面意见,退回承包人修改后再报审,总监理工程师应重新审定。

(3)已审定的施工组织设计由项目监理机构报送建设单位。

(4)承包人应按审定的施工组织设计组织施工。如需对其内容做较大变更,应在实施前将变更内容书面报送项目监理机构重新审定。

(5)对规模大、结构复杂或属新结构、特种结构的工程,项目监理机构应在审查施工组织设计后,报送监理单位技术负责人审查,其审查意见由总监理工程师签发。必要时与建设单位协商,组织有关专家会审。

15. 监理工程师如何审查施工平面布置图?

答:施工平面布置图是安排和布置施工现场的基本依据,是实现有组织、有计划和顺利进行施工的重要条件,也是组织现场文明施工和加强现场管理的基础。审查时,应重点考虑以下几个方面:

（1）应满足施工生产、职工生活和现场管理全过程的需要。

（2）对已建（拟建）的永久性建（构）筑物、临时建筑、仓库、堆料场、加工厂、临时供水管（供电线路）走向、施工机械、施工道路、围墙、基准点、车辆停放地等进行统筹安排，合理布置，并标有具体位置和尺寸。

（3）是否符合消防、环境保护、城乡整体规划和文明施工的有关规定。

（4）施工平面布置与拟建工程位置是否有冲突、碰撞。

（5）施工机械布置和开行路线是否合理。

16. 监理工程师如何审查施工临时设施规划？

答：监理工程师审查施工临时设施规划主要从以下方面检查其是否满足施工需要：

（1）临时设施的建筑面积应以经济、实用为原则，因地制宜、因陋就简，尽量采用拆装或移动式建筑。生活性临时建筑面积应满足施工高峰期人均数量需要；临时仓库应根据材料需用总量并结合施工进度要求考虑确定材料储备周期。此外，生产性临时设施还应满足各专业工程预制加工工艺和深度的需要。

（2）临时供水应满足施工生产用水、施工人员生活用水和现场消防用水的要求。

（3）临时供电应考虑用电负荷的平衡及线路设备的经济性，满足现场施工临时设施（生产、生活）的用电要求，以保证施工现场安全生产、文明施工的必要条件。

17. 监理工程师如何审查施工技术组织措施？

答：监理工程师应重点审查承包人的质量、安全保证体系，保证工程进度措施，保证工程质量和安全生产、文明施工措施，推广先进技术、提高施工技术水平、提高劳动生产率措施，降低施工成本和提高经济效益措施,冬、雨季施工措施。

18. 监理工程师如何审查施工进度计划和各种资源需用计划?

答:施工进度计划是施工组织设计的重要组成部分,对施工进度计划的审查主要是看进度计划表示方法是否正确;进度在总时间安排上是否符合合同工期;进度是否有连续性、均衡性;施工顺序、流向是否互相平行搭接;主体交叉等施工是否符合施工工艺、质量和安全的要求;有无恰当的冬、雨季施工措施;施工过程中的关键工序起止时间是否正确合理,是否考虑了应有的技术和组织间歇时间以及农忙春节等影响因素。

对于各种资源需用计划的审查,主要是检查承包人各种资源的供应是否均衡、落实和协调。要重点审查承包人的劳动力、主要材料、设备、构配件、半成品需要量供应计划能否保证施工进度计划的实现,防止和杜绝供需脱节、供不应求和停工待料等现象的发生。

19. 监理工程师如何审查技术经济指标?

答:监理工程师应对施工工期指标、劳动生产率指标、工程质量指标、安全生产指标、降低工程成本指标、主要材料节约指标等技术经济指标进行确定,结合工程项目所采取的各项技术组织措施预测实施效果,最终进行综合评审,择优选择合理的施工方案。

20. 什么叫质量保证体系? 监理机构如何审查承包人的质量保证体系?

答:质量保证体系是指承包人的技术标准、施工质量控制措施、工程质量检查制度与管理制度。监理机构审查承包人的质量保证体系应包括以下具体内容:①现场质量管理制度;②质量责任制;③主要专业工种操作上岗证书;④分包人资质与对分包人的管理制度;⑤施工图审查情况;⑥地质勘察资料;⑦施工组织设计、施工方案及审批;⑧施工技术标准;⑨工程质量检验制度;⑩搅拌站及计量设施;⑪现场材料、设备存放与管理。

21. 监理机构对材料和工程设备的检验应符合哪些规定?

答:监理机构对材料和工程设备的检验应符合下列规定:

(1)对于工程中使用的材料、构配件,监理机构应监督承包人按有关规定和施工合同约定进行检验,并应查验材质证明和产品合格证。

(2)对于承包人采购的工程设备,监理机构应参加工程设备的交货验收;对于发包人提供的工程设备,监理机构应会同承包人参加交货验收。

(3)材料、构配件和工程设备未经检验,不得使用;经检验不合格的材料、构配件和工程设备,应督促承包人及时运离工地或做出相应处理。

(4)监理机构如对进场材料、构配件和工程设备的质量有异议,可指示承包人进行重新检验。必要时,监理机构应进行平行检测。

(5)监理机构发现承包人未按有关规定和施工合同约定对材料、构配件和工程设备进行检验,应及时批示承包人补做检验;若承包人未按监理机构的指示进行补验,监理机构可按施工合同约定自行或委托其他有资质的检验机构进行检验,承包人应为此提供一切方便并承担相应费用。

(6)监理机构在工程质量控制过程中发现承包人使用了不合格的材料和工程设备时,应指示承包人立即整改。

22. 监理机构对施工设备的检查应符合哪些规定?

答:监理机构对施工设备的检查应符合下列规定:

（1）监理机构应督促承包人按照施工合同约定保证施工设备按计划及时进场，并对进场的施工设备进行评定和认可。禁止不符合要求的设备投入使用并应要求承包人及时撤换。在施工过程中，监理机构应督促承包人对施工设备及时进行补充、维修、维护，满足施工需要。

（2）旧施工设备进入工地前，承包人应提供该设备的使用和检修记录，以及具有设备鉴定资格的机构出具的检修合格证。经监理机构认可，方可进场。

（3）监理机构若发现承包人使用的施工设备影响施工质量和进度，应及时要求承包人增加或撤换。

23. 监理机构对施工过程的质量控制应符合哪些规定？

答：监理机构对施工过程的质量控制应符合下列规定：

（1）监理机构应督促承包人按施工合同约定对工程所有部位和工程使用的材料、构配件和工程设备的质量进行自检，并按规定向监理机构提交相关资料。

（2）监理机构应采用现场察看、查阅施工记录以及对材料、构配件、试样等进行抽检的方式对施工质量进行严格控制；应及时对承包人可能影响工程质量的施工以及各种违章作业行为发出调整、制止、整顿直到暂停施工的指示。

（3）监理机构应严格进行旁站监理工作，特别注重对易引起渗漏、冻融、冲刷、汽蚀等工程部位的质量控制。

（4）单元工程（或工序）未经监理机构检验或检验不合格，承包人不得开始下一单元工程（或工序）的施工。

（5）监理机构发现由于承包人使用的材料、构配件、工程设备以及施工设备或其他原因可能导致工程质量不合格或造成质量事故时，应及时发出指示，要求承包人立即采取措施纠正。必要时，责令其停工整改。

（6）监理机构发现施工环境可能影响工程质量时，应指示承包人采取有效的防范措施。必要时，应停工整改。

（7）监理机构应对施工过程中出现的质量问题及其处理措施或遗留问题进行详细记录和拍照，保存好相片或录像带等相关资料。

（8）监理机构应参加工程设备供货人组织的技术交底会议，监督承包人按照工程设备供货人提供的安装指导书进行工程设备的安装。

（9）监理机构应审核承包人提交的设备启动程序，并监督承包人进行设备启动与调试工作。

24. 监理机构进行工程质量检验应符合哪些规定？

答：监理机构进行工程质量检验应符合下列规定：

（1）承包人应首先对工程施工质量进行自检。未经承包人自检或自检不合格、自检资料不完善的单元工程（或工序），监理机构有权拒绝检验。

（2）监理机构对承包人经自检合格后报验的单元工程（或工序）质量，应按有关标准和施工合同约定的要求进行检验。检验合格后方予签认。

（3）监理机构可采用平行检测、跟踪检测方法对承包人的检验结果进行复核。平行检测的检测数量，混凝土试样不应少于承包人检测数量的3%，重要部位每种标号的混凝土最少取样1组；土方试样不应少于承包人检测数量的5%，重要部位最少取样3组。跟踪检测的检测数量，混凝土试样不应少于承包人检测数量的7%，土方试样不应少于承包人检测数量的10%。平行检测和跟踪检测工作都应由具有国家规定的资质条件的检测机构承担。平行检测的费用由发包人承担。

（4）工程完工后需覆盖的隐蔽工程、工程的隐蔽部位应经监理机构验收合格后方可覆盖。

（5）在工程设备安装完成后,监理机构应督促承包人按规定进行设备性能试验,其后应提交设备操作和维修手册。

25. 在水利工程建设监理过程中"检验"的实际含义是什么?

答:"检验"即检查验收的意思。《水利工程建设项目施工监理规范》（SL 288—2003）规定:"检验"实际包括对材料、构配件、设备及工程的评定、检查、检测、量测、试验、度量等各类确定施工质量的活动。

26. 国家对建设工程报验的范围有哪些具体规定?

答:国家标准《建设工程监理规范》（GB 50319—2000）对建设工程需要报验的内容具体规定如下:①工程项目开工及停工、恢复施工;②施工组织设计（方案）;③分包单位资格;④分项、分部、单位工程质量验收以及提请监理人员对隐蔽工程的检查和验收的确认及施工测量放样;⑤申请工程款支付;⑥回复监理工程师的通知单;⑦工程临时延期;⑧费用索赔;⑨工程材料、构配件、设备;⑩工程竣工。

27. 项目监理机构如何抓好报验?

答:报验是法定程序,该报验的不报验,就是违法和违约,将给工程带来隐患,造成不可弥补的损失。因此,项目监理机构必须认真抓好报验。

抓好报验可采取以下三种办法:一是严格按照法定程序和要求进行报验,强化工程报验及验收制度;二是对施工单位的疏忽、忘却而遗漏的报验项目,要及时提醒督促施工单位按章报验;三是坚持原则,认真处理和对待少数施工单位蒙混过关、逃避报验、以次充好、偷工减料的不良行为。如千方百计避开监理人员浇筑混

凝土;抽换钢筋,以小代大,以短代长;水泥进场不复验;回填土不
按规范要求操作,压实密度不够;钢筋焊接试样不在成品中截取,
任意调包;混凝土强度等级未到龄期随意拆除模板顶撑等。要处
理好以上不良行为很不容易,监理人员必须具备良好的技术素质,
勤奋学习,熟悉规范和技术标准,加强和树立维护工程质量的高度
责任感,保持高尚的职业道德,奉公守法,反腐倡廉,坚决抵制公
私不分、以权谋私的不良行为,把好报验关,确保工程质量万无
一失。

28. 为什么说抓好施工质量事前控制是保证工程质量的基础?

答:抓好施工质量事前控制具有十分重要的意义。首先,因为
建设工程的质量受多种因素直接或间接的影响,如材料、设备、施
工方法、技术措施、人员素质、工期、设计及投资等。监理工程师提
前考虑影响质量的诸多因素,并结合工程具体情况,针对可能出现
的某种因素进行排查,从而将隐患消除在萌芽状态,这是保证工程
质量的基础。

其次,项目监理机构认真抓好施工质量事前控制,完善项目监
理部的质量保证体系,积极主动地控制工程质量,使质量工作有计
划地开展实施,有章可循,从而为建设工程的顺利建成奠定基础。

29. 开展事前控制应遵循哪些原则?

答:开展事前控制应遵循以下原则:

(1)质量第一。工程建设直接关系到人民生命财产的安全。
所以,坚持"质量第一"是监理工程师做好质量控制工作自始至终
应遵循的基本原则。

(2)预防为主。由于工程质量的隐蔽性、终检的局限性,对工
程质量的控制更应重视事前控制,严格事中监督,防患于未然。这
是确保工程质量的有效措施。

（3）以4M1E(人、机械、材料、方法、环境)为控制核心。紧紧围绕影响工程质量的4M1E进行控制,是监理工程师做好施工质量事前控制工作的关键。

（4）设立质量控制点。对重要部位设立质量控制点。以工序质量控制为核心进行事前预控,严格工序检查。将预防为主与检验把关相结合,及时发现问题,查明原因,采取相应的纠偏措施,防止工程质量事故的发生。

（5）坚持质量标准。质量标准是业主、监理机构、承包单位共同遵守的准则和依据。在监理过程中,应督促检查施工单位严格执行国家现行规范、标准、规程,按照工程合同和设计图纸要求组织施工。

（6）恪守职业道德。监理工程师在质量控制过程中,必须坚持科学、公正、守法的职业道德,尊重科学,实事求是,以数据资料为依据,坚持原则,客观、公正地处理质量问题。

30. 如何做好施工准备阶段的质量事前控制工作?

答:做好施工准备阶段的质量事前控制工作,需要做到以下几点:

（1）确定质量标准,明确质量要求。监理工程师必须熟悉和掌握国家现行的工程规范、标准,以及工程合同文件和已经会审的设计图纸,以此作为工程质量控制的技术标准和依据,进行工程质量监督和控制。

（2）完善项目监理部的质量控制体系。针对工程的实际情况和特点,建立质量监理组织机构,健全完善质量管理制度,明确质量控制程序,落实质量监控责任。

（3）督促检查承包单位的质量保证体系。审查承包单位现场项目管理机构的质量保证体系,重点审核质量管理、技术管理和质量保证的组织机构、管理制度、管理人员的配备及资格情况。

（4）复验测量放线成果。检查承包单位报送的工程控制网测量成果报验单,对测量放线成果及保护措施进行检查;复验控制桩的校核成果、控制桩的保护措施以及平面控制网、高程控制网和临时水准点的测量成果。同时,检查承包单位专职测量人员的岗位证书。

（5）审核分包单位资质。开工前,应仔细审查承包单位报送的分包单位资格报审表及相关资料。重点审核分包单位的营业执照、企业资质等级证书、特殊行业施工许可证、国外(境内)企业在国内承包工程许可证,分包单位业绩,拟分包工程的内容、范围及其占全部工程量的比重,专职管理人员和特种作业人员的资格证、上岗证。

（6）审核施工方法:①审查施工单位报送的单位工程施工组织设计及质量计划,检查其内容的完整性、适用性、合理性、针对性和可操作性,对质量计划的实现目标进行审核并签署意见。检查施工现场总体部署的合理性,是否有利于保证施工现场的正常、顺利进行。②审核作业指导书。对于重要部位、技术难度大、施工复杂的分部和分项工程,要求施工单位提交作业指导书。内容应包括施工方法、质量要求和验收标准,施工过程中需注意的问题,出现意外的应急措施及方案。重点围绕施工单位的操作人员、机械设备、材料(构配件)、工艺方法、施工环境、具体管理措施等。要求施工单位明确做什么、谁来做、如何做,以及验评标准、完成时间等。

（7）特种作业人员的审核。审查施工单位提交的特种作业人员统计表,审查特种作业(如电气焊、电工、防水、高空作业、爆破及重型起重机械操作等)人员的有效证件及从事工作范围。在施工过程中,查对现场实际作业人员与报验人员是否相符。不符合要求的不许上岗作业。

（8）施工机械设备的控制。审查施工单位报送的主要施工机械设备报审表及证明材料,对所报机械设备的名称、规格型号、数量、进场日期、技术性能、运行状态的完好程度进行现场核对,查验是否符合批准的施工组织设计,是否满足施工需要和质量要求。

31. 在质量事前控制中,如何抓好材料、构配件、设备的进场、使用及代换工作?

答:抓好材料、构配件、设备的进场、使用及代换工作,程序要严密,工作必须具体细化:

(1)对进场的原材料,要求施工单位填报工程材料报审表,重点对原材料、成品与半成品、加工件等的合格证或出厂质量证明书及复试报告进行审查,并对进场的实物按照规定比例进行平行检验或抽检,合格后方可在工程中使用。

(2)对在工程中使用的新材料、新工艺、新结构、新技术均应具备完整的鉴定证明书和试验报告,经审查确认后,方可在工程上使用。必要时,对首件进行试验,合格后方可使用。

(3)监督施工单位对经检查不合格的原材料做出标志,并及时清理退出现场。

(4)督促施工单位加强对原材料的堆放、保管、防护等,并审查其具体措施。

(5)凡需进行设计变更或材料代换的项目,严格按设计变更管理程序及制度执行。设计变更单及材料代换单必须经有关各方签字批准后,在施工前送达监理部,作为施工和检查验收的依据。

32. 监理工程师如何考核承包单位的试验室?

答:监理工程师应从以下五个方面对承包单位的试验室进行考核:

(1)试验室的资质等级及其试验范围。

(2)法定计量部门对试验设备出具的计量检定证明。

（3）试验室的管理制度。

（4）试验人员的资格证书。

（5）本工程的试验项目及其要求。

33. 什么是跟踪检测？

答：跟踪检测是指在承包人进行试样检测前，监理机构对其检测人员、仪器设备以及拟订的检测程序和方法进行审核，在承包人对试样进行检测时，实施全过程的监督，确认其程序、方法的有效性以及检测结果的可信性，并对该结果确认。

34. 监理机构对质量事故的调查处理应符合哪些规定？

答：监理机构对质量事故的调查处理应符合下列规定：

（1）质量事故发生后，承包人应按规定及时提交事故报告。监理机构在向发包人报告的同时，指示承包人及时采取必要的应急措施并保护现场，做好相应记录。

（2）监理机构应积极配合事故调查组进行工程质量事故调查、事故原因分析，参与拟订处理意见等工作。

（3）监理机构应指示承包人按照批准的工程质量事故处理方案和措施对事故进行处理。经监理机构检验合格后，承包人方可进入下一阶段施工。

35. 监理工程师如何监控模板工程的施工质量？

答：在混凝土浇捣前，监理工程师应组织监理员对模板工程的施工质量进行查验和验收，具体要求如下：

（1）模板及其支架的选用应按施工技术方案执行。模板体系架设应牢靠、稳固，标高、几何尺寸应符合设计要求；模板缝隙紧密；模板仓混凝土接触面清洗干净，木模板应充分洒水湿润。

（2）厂房楼板上下层支架应对准并铺设垫板。

（3）跨度在 4 m 以上的梁板结构应按设计或有关规定起拱。

（4）模板的拆除时间和方法应按施工技术方案执行。底模拆除前监理工程师应核查同条件养护试件的强度报告,待试件达到设计或规范规定的强度方可批准拆除底模。

36. 监理机构如何监控自拌混凝土工程的施工质量?

答:自拌混凝土工程施工质量监控主要有以下内容:

（1）检查混凝土中掺用的外加剂是否符合国家有关规定。监理工程师应控制外加剂用量、砂石含泥量、骨料颗粒粒径（超径与逊径）及级配,确保符合有关规范要求。

（2）检查混凝土配合比和水泥试件强度试验报告,控制砂石含水量。

（3）对混凝土施工现场的混凝土拌和、试块制作、浇捣进行监督。对重要部位及关键工序由监理员实施旁站监理。

（4）按有关规范及技术方案留置混凝土施工缝,确保混凝土的充分养护。

（5）后浇带应按设计要求预留,并按规定时间浇筑混凝土。

（6）由监理工程师签认分项工程质量验收结论。

37. 监理机构如何监控商品混凝土的施工质量?

答:商品混凝土施工质量的监控有以下几点要求:

（1）对生产厂家的考察。复查企业生产资质、营业执照、计量认证及试验室等级证明文件是否有效;混凝土生产及运输设备（拌和系统、泵车、运输车等）数量及生产状况;试验室对砂石材料、水泥、混凝土及其抗冻、抗渗和外加剂等的试验检测设备是否齐全;混凝土试件的标准养护是否规范。

（2）对原材料的监控。监理工程师核查混凝土浇捣所使用的水泥质保证明和复试报告;核查搅拌站砂石、粉煤灰的质量。

（3）检查配合比和水泥、混凝土试件强度报告。检查配合比中外加剂用量及规格品种是否适当,混凝土坍落度是否符合施工及设计要求。

（4）检查现场泵送混凝土管线布置的合理性、架设管道支架的稳定性。

（5）检查混凝土浇捣、试件制作和养护是否按施工技术方案执行。

（6）监理工程师审核并签认混凝土分项工程质量验收结论。

38. 冬季施工中混凝土掺用外加剂有哪些强制性规定?

答:冬季施工中有关混凝土掺用外加剂的强制性规定条文有以下几条:

（1）混凝土中掺用外加剂的质量及应用技术应符合现行国家标准《混凝土外加剂》、《混凝土外加剂应用技术规范》和有关环境保护的规定。在预应力混凝土结构中,严禁使用含氯化物的外加剂。在钢筋混凝土结构中,当使用含氯化物的外加剂时,混凝土中氯化物的总含量应符合现行国家标准《混凝土质量控制标准》的规定。

（2）抗冻融性要求高的混凝土,必须掺用引气剂或引气减水剂,其掺量应根据混凝土的含气量要求,通过试验确定。

（3）凡在砂浆中掺入有机塑化剂、早强剂、缓凝剂、防冻剂等,应经检验和试配符合要求后,方可使用。有机塑化剂应有砌体强度的型式检验报告。

39. 监理工程师如何监控夏季混凝土施工质量?

答:夏季施工气温偏高,气候干燥,混凝土初凝时间提前,流动性低,施工操作困难,特别是散热不当,易引起混凝土结构裂缝。为此,监理工程师应严格依照有关规范、技术标准,从严监控夏季

混凝土施工质量,督促承包单位加强以下防暑降温工作:

(1)要求承包单位编制切实可行的夏季混凝土施工技术方案,采取有效温控措施,做好夏季混凝土防暑降温工作。监理工程师要对施工技术方案认真审查,符合要求后予以签认。

(2)要督促承包单位因地制宜,采取以下措施确保混凝土夏季施工质量:①减少混凝土发热量(在水泥中掺入粉煤灰、掺合料及烧黏土等中性材料);②降低混凝土入仓温度(减少运输过程、改善骨料堆放条件、用地下水拌和、预冷骨料及加快混凝土运输速度等);③加强混凝土养护工作(覆盖防晒、安排专人昼夜不停地洒水保湿);④掺用缓凝剂、加气剂,改善混凝土流动性和延长凝固时间,以利于施工。

40. 监理工程师如何监控钢筋工程的施工质量?

答:在混凝土浇筑前,未经监理人员验收或监理工程师认为钢筋工程不符合要求,承包人不得进行混凝土浇捣施工。钢筋工程检查包括以下内容:

(1)检查钢筋的品种、规格、数量、位置、间距、保护层和钢筋加工的形状是否符合设计要求。

(2)检查钢筋的连接形式和连接工艺,以及连接接头的间距、位置是否符合设计和规范要求。

(3)检查钢筋绑扎接头的搭设长度、焊接接头长度和钢筋的锚固长度是否符合设计和规范要求。

(4)检查受力钢筋的弯钩和弯折,箍筋的弯弧内直径、弯折角度、弯后平直部分长度、箍筋加密长度和箍筋间距是否符合设计和规范要求。

(5)检查受力钢筋及骨架的定位筋、定位措施是否符合设计和技术方案要求。

(6)监理人员应在施工现场见证抽查钢筋焊接接头和机械连

接接头试件,其接头力学性能试验应符合相关规程要求。

（7）监理工程师签认钢筋分项工程质量验收结论。

41. 监理工程师如何处理工程质量缺陷或重大质量隐患？

答：对施工过程中出现的工程质量缺陷,专业监理工程师应及时下达监理工程师通知单,要求承包单位整改,并检查整改结果。

监理人员发现施工存在重大质量隐患,可能造成质量事故或已经造成质量事故时,应通过总监理工程师及时下达工程暂停令,要求承包单位停工整改。整改完毕并经监理人员复查,符合规定要求后,总监理工程师应及时签署工程复工报审表。总监理工程师下达工程暂停令和签署工程复工报审表,宜事先向建设单位报告。

对需要返工处理或加固补强的质量事故,总监理工程师应责令承包单位报送质量事故调查报告和经设计单位等相关单位认可的处理方案,项目监理机构应对质量事故的处理过程和处理结果进行跟踪检查和验收。

总监理工程师应及时向建设单位及本监理单位提交有关质量事故的书面报告,并应将完整的质量事故处理记录整理归档。

42. 监理工程师如何监控隐蔽工程质量？

答：在施工阶段,总监理工程师应安排监理人员对施工过程进行巡视和检查。对隐蔽工程的隐蔽过程、下道工序施工完成后难以检查的重点部位,专业监理工程师应安排监理员进行旁站。此外,专业监理工程师还应根据承包单位报送的隐蔽工程报验申请表和自检结果进行现场检查,符合要求方可予以签认。对未经监理人员验收或验收不合格的工序,监理人员应拒绝签认,并严禁承包单位进行下一道工序的施工。

43. 工程建设监理进度控制的实际含义是什么?

答:工程建设监理进度控制是指在工程项目的实施过程中,监理人员运用各种监理手段和方法,依据合同文件所赋予的权力,监督工程项目承包人采用先进合理的施工方案和组织管理措施,在确保工程质量、安全和投资费用的前提下,按照合同规定的工程建设期限,加上监理人员批准的工程延期时间以及预订目标去完成工程项目的施工。

建设项目施工阶段进度控制的最终目标是保证建设项目按期建成并交付使用。工程不能按期竣工,将造成重大的经济损失,项目的预期效益也不能得到及时发挥。因此,对施工阶段的进度控制,监理机构应加强预见性和及时性,监理人员在正确控制进度、确定合理工期时要全面、系统地综合考虑,处理好进度控制目标与投资控制、质量控制目标的对立统一关系。

44. 项目监理机构进行工程进度控制应符合哪些程序?

答:项目监理机构应按下列程序进行工程进度控制:

(1)总监理工程师审批承包单位报送的施工总进度计划。

(2)总监理工程师审批承包单位编制的年、季、月度施工进度计划。

(3)监理工程师对进度计划实施情况进行检查、分析。

(4)当实际进度符合计划进度时,应要求承包单位编制下一期进度计划;当实际进度滞后于计划进度时,监理工程师应书面通知承包单位采取纠偏措施并监督实施。

45. 施工阶段进度监控有哪些工作内容?

答:施工阶段进度监控的工作内容有:

(1)编制施工阶段进度控制工作实施细则。

(2)审核承包单位编制的施工组织设计(施工技术方案)。

（3）审核施工进度计划。

（4）发布工程项目开工令。

（5）了解承包单位施工进度计划实施情况,帮助解决施工计划实施中存在的问题。

（6）对承包单位进度计划实施过程进行跟踪检查。

（7）搞好组织协调,解决总承包单位与分包单位、各分包单位之间以及外部条件的配合协调问题。

（8）及时签发进度款付款凭证。

（9）向建设单位按时(每月)提供工程进度报告表。

（10）督促承包单位及时整理有关技术资料。

（11）审批竣工申请报告,组织建设单位和设计单位对工程竣工初验。

（12）竣工验收后,督促承包单位办理工程移交手续及工程保修手续。

46.监理工程师对工程进度计划的实施如何进行控制?

答:由于工程进度计划在实施过程中受人、材料、机具、资金和环境等因素的影响,工程实际进度和计划进度可能不相符合,因此监理人员在工程计划实施过程中要定期地对工程进度计划的执行情况进行控制,其控制方法有:

（1）监督。即深入现场了解工程进度计划中各分部(分项)工程的实际进度情况,收集有关数据,特别是定期、经常完整地收集由承包单位提供的有关报表、资料。参加承包单位或建设单位定期召开的工程进展协调会,听取工程施工进度的汇报和讨论。

（2）比较。即对数据进行调整和统计,将计划进度与实际进度进行对比、评估;根据评估结果,提出可行的变更措施,决定对工程目标、工程计划或工程实施活动进行调整。

必须指出的是,工程进度控制是具有周期性的循环控制,每经过一次循环,就得到一个调整后的新施工进度计划。整个施工进度控制过程是一个循序渐进的过程,是一个动态控制的管理过程。监理人员对施工进度实行监控的最根本方法是通过各种机会,定期取得工程实际进展情况,从中发现问题,以便采取必要的措施对计划进行优化。

47. 监理工程师控制工程进度有哪些主要措施?

答:监理工程师控制工程进度有组织措施、技术措施、经济措施与合同措施。

其中,组织措施有:

(1)落实监理机构内部的监督控制人员,明确任务、职责,建立信息收集、反馈系统。

(2)进行项目和目标的分解(按项目实施阶段、单位或单项工程)。

(3)建立进度协调组织(业主、监理、承包人等组织体系)和进度协调工作制度。

技术措施有:

(1)审批承包人所拟订的各项加快工程进度的措施。

(2)向业主和承包人推荐先进、科学合理、经济的技术方法和手段,以加快工程进度。

经济措施有:

(1)按合同规定的期限对承包人进行项目检验、计量和签发支付证书。

(2)监督业主按时支付。

(3)拟订奖罚措施,对提前完成计划者予以奖励,对延误工期者按有关规定进行处理。

合同措施有:

(1)利用合同文件所赋予的权力,督促承包人按期完成工程项目。

（2）利用合同文件规定，采取各种手段和措施，监督承包人加快工程进度。

48. 监理机构如何审批施工进度计划？

答：监理机构审批施工进度计划应符合下列规定：

（1）监理机构应在工程项目开工前依据控制性总进度计划审批承包人提交的施工进度计划。在施工过程中，依据施工合同约定审批各单位工程进度计划，逐阶段审批年、季、月度施工进度计划。

（2）施工进度计划审批的程序如下：

①承包人应在施工合同约定的时间内向监理机构提交施工进度计划。

②监理机构应在收到施工进度计划后及时进行审查，提出明确的审批意见。必要时，召集由发包人、设计单位参加的施工进度计划审查专题会议，听取承包人的汇报，并对有关问题进行分析研究。

③如施工进度计划中存在问题，监理机构应提出审查意见，交承包人进行修改或调整。

④审批承包人提交的施工进度计划或修改、调整后的施工进度计划。

（3）施工进度计划审查的主要内容如下：

①在施工进度计划中有无项目内容漏项或重复的情况；

②施工进度计划与合同工期和阶段性目标的响应性与符合性；

③施工进度计划中各项目之间逻辑关系的正确性与施工方案的可行性；

④关键路线安排和施工进度计划实施过程的合理性；

⑤人力、材料、施工设备等资源配置计划和施工强度的合理性；

⑥材料、构配件、工程设备供应计划与施工进度计划的衔接关系；

⑦本施工项目与其他各标段施工项目之间的协调性；

⑧施工进度计划的详细程度和表达形式的适宜性；

⑨对发包人提供施工条件要求的合理性；

⑩其他应审查的内容。

49. 监理机构对实际施工进度如何检查与协调？

答：监理机构对实际施工进度的检查与协调应符合下列规定：

（1）监理机构应编制描述实际施工进度状况和用于进度控制的各类图表。

（2）监理机构应督促承包人做好施工组织管理，确保施工资源的投入，并按批准的施工进度计划实施。

（3）监理机构应做好实际工程进度记录以及承包人每日的施工设备、人员、原材料的进场记录，并审核承包人的同期记录。

（4）监理机构应对施工进度计划的实施全过程，包括施工准备、施工条件和进度计划的实施情况，进行定期检查，对实际施工进度进行分析和评价，对关键路线的进度实施重点跟踪检查。

（5）监理机构应根据施工进度计划，协调有关参建各方之间的关系，定期召开生产协调会议，及时发现、解决影响工程进度的干扰因素，促进施工项目的顺利发展。

50. 施工进度计划的调整应符合哪些规定？

答：施工进度计划的调整应符合下列规定：

（1）监理机构在检查中发现实际工程进度与施工进度计划发生了实质性偏离时，应要求承包人及时调整施工进度计划。

（2）监理机构应根据工程变更情况，公正、公平处理工程变更所引起的工期变化事宜。当工程变更影响施工进度计划时，监理机构应指示承包人编制变更后的施工进度计划。

（3）监理机构应依据施工合同和施工进度计划及实际工程进度记录，审查承包人提交的工期索赔申请，提出索赔处理意见报发包人。

（4）施工进度计划的调整涉及总工期目标、阶段目标、资金使用等较大的变化时，监理机构应提出处理意见报发包人批准。

51. 停工与复工应符合哪些规定？

答：停工与复工应符合下列规定：

（1）在发生下列情况之一时，监理机构可视情况决定是否下达暂停施工通知：

①发包人要求暂停施工时；

②承包人未经许可即进行主体工程施工时；

③承包人未按照批准的施工组织设计或工法施工，并且可能出现工程质量问题或造成安全事故隐患时；

④承包人有违反施工合同的行为时。

（2）在发生下列情况之一时，监理机构应下达暂停施工通知：

①工程继续施工将会对第三者或社会公共利益造成损害时；

②为了保证工程质量、安全而必要时；

③发生了须暂时停止施工的紧急事件时；

④承包人拒绝服从监理机构的管理，不执行监理机构的指示，从而将对工程质量、进度和投资控制产生严重影响时；

⑤其他应下达暂停施工通知的情况时。

（3）监理机构下达暂停施工通知，应征得发包人同意。发包人应在收到监理机构暂停施工通知报告后，在约定时间内予以答复；若发包人逾期未答复，则视为其已同意，监理机构可据此下达暂停施工通知,并根据停工的影响范围和程度,明确停工范围。

(4)若由于发包人的责任需要暂停施工,监理机构未及时下达暂停施工通知,在承包人提出暂停施工的申请后,监理机构应在施工合同约定的时间内予以答复。

(5)下达暂停施工通知后,监理机构应指示承包人妥善照管工程,并督促有关方及时采取有效措施,排除影响因素,为尽早复工创造条件。

(6)在具备复工条件后,监理机构应及时签发复工通知,明确复工范围,并督促承包人执行。

(7)监理机构应及时按施工合同约定处理因工程停工引起的与工期、费用等有关的问题。

52. 工程建设监理实施投资控制的实际含义是什么?

答:工程建设监理实施投资控制是指在整个工程项目实施阶段开展管理活动,力求使工程项目在满足质量和进度要求的前提下,实现工程项目实际投资不超过计划投资。

53. 监理工程师如何处理投资控制与工期、质量的关系?

答:投资控制不是单一的目标控制,投资控制是与质量控制和进度(工期)控制同时进行的。因此,在实施投资控制的同时,需要兼顾质量和进度目标,要做好投资、进度、质量三方面的反复协调工作,力求优化实现目标之间的平衡;要协调好投资与质量、进度的关系,做到三大控制的有机配合。

要做到三大控制的有机配合,必须确定一个合理的工期(进度)目标。经过长期研究,工期与造价(投资)之间的关系一般具有以下规律:一是依据现有技术水平,采取有效措施获得最短工期,但投资费用高;二是由于受多种因素的约束,工期延期较长,投资费用亦高。

因此,合理工期和造价最省必定介于上述两者之间。这就为监理工程师的投资控制提供了客观依据。

总之,投资、进度、质量是一个工程项目实施中的三个主要控制因素,它们构成了一个特定的统一体系以及三者之间的制约关系。要根据工程的具体特点、业主的要求和可能出现的情况,分析三者的相关性,以经济技术观点,运用价值工程的手段和统筹兼顾的方法,合理确定三者的权重比例,科学地调整三者的制约关系,形成三者之间的最佳组合,以使项目的实施做到均衡、连续、协调,整体经济效益达到最优化状态。

54. 工程建设施工阶段投资控制的基本任务是什么?

答:工程建设施工阶段投资控制的基本任务包括以下方面:

(1)审核施工图预算、工程进度付款及最终核定项目的实际投资。

(2)对工程进度、质量检查、材料检验的监督和控制。

(3)对工程造价的监督和控制。主要包括:

①对实际完成的分部、分项工程量进行计量和审核,对承包单位提交的工程进度付款申请进行审核,并签发付款证明以控制合同价款;

②严格控制工程变更,按合同规定的控制程序和计量方法,确定工程变更价款,及时分析工程变更对控制投资的影响;

③在施工进展过程中,进行投资跟踪;

④依据施工合同有关条款、施工图,对工程项目造价目标进行风险分析,并制定相应防范对策;

⑤防止或减少索赔事件发生,及时收集、整理有关施工和监理资料,为处理费用索赔提供证据;

⑥定期向总监理工程师、业主提供投资控制表;

⑦编制施工阶段详细的费用支出计划,复核一切付款账单;

⑧审核竣工决算。

55. 施工阶段的投资控制有哪些主要措施?

答:施工阶段是整个项目实施中的重要阶段。本阶段的投资周期长、内容多、潜力大,需要采取多方面的控制措施才能确保实际支付值小于或等于计划目标值。为此,监理人员在本阶段对投资控制宜从组织、经济、技术和合同四个方面采取相应措施,以达到控制工程投资的目标。

56. 监理工程师如何实施投资控制的组织措施?

答:监理工程师实施投资控制的组织措施主要是做好以下两项工作:

(1)在项目监理机构中落实投资控制的管理人员、任务分工和职能分工。

(2)编制本阶段投资控制详细工作流程。工程投资控制的基本程序如下:

①承包单位统计经监理工程师质量验收合格的工程量,按施工合同的约定填报工程量清单和工程款支付申请表;

②监理工程师进行现场计量,按施工合同约定审核工程量清单和工程款支付申请表,并报总监理工程师审定;

③总监理工程师签署工程款支付证书,并报建设单位;

④建设单位负责人审批并向承包单位支付工程款。

57. 监理工程师如何实施投资控制的经济措施?

答:监理工程师实施投资控制的经济措施主要有以下工作内容:

(1)进行已完成的实物工程量的计量复核和未完工程量的预测。

（2）对工程价款预付、工程进度付款、工程款结算、备料款和预付款的合理回扣等进行审计、签署。

（3）对工程实施全过程进行投资跟踪、动态控制和分析预测，对投资目标计划值按费用构成、工程构成、实施阶段、计划进度分解。

（4）定期向总监理工程师、建设单位提供投资控制报表和必要的支付分析对比表。

（5）编制施工阶段详细的费用支出计划，依据投资计划的进度要求编制，并控制其执行。复核付款账单，进行资金筹措和分阶段到位。

（6）及时办理和审核工程结算。

（7）建立行之有效的、节约控制的激励机制和约束机制。

58. 监理工程师如何实施投资控制的技术措施？

答：监理工程师实施投资控制的技术措施主要有以下工作内容：

（1）对设计变更严格把关，并对设计变更进行技术经济分析和审查认可。

（2）进一步从设计、施工工艺材料、设备、管理等多方面挖掘节约投资的可能潜力，加强对施工组织设计（施工技术方案）的审查工作，并对查出的问题进行整改。

（3）加强设计交底和施工图会审工作，把问题解决在施工之前。

59. 监理工程师如何实施投资控制的合同措施？

答：监理工程师实施投资控制的合同措施主要有以下工作内容：

（1）参与处理索赔事宜时以合同为依据。

（2）参与合同的修改、补充工作，并分析研究对投资控制的影响。

（3）监督、控制、处理工程建设中的有关问题时以合同为依据。

60. 监理工程师对投资控制应掌握哪些原则？

答：监理工程师对投资控制应掌握以下原则：

（1）应严格执行建设单位和承包人双方签订的工程施工合同中所确定的合同价、单价和约定的工程款支付办法。

（2）坚持对报验资料不全、与合同文件的约定不符、未经质量签认合格或有违约的不予审核和计量的原则。

（3）工程量的计算应符合概预算定额的计算规则。

（4）处理由于设计变更、合同变更和违约索赔引起的费用增减事宜应坚持合理、公正的原则。

（5）对有争议的工程量和工程款，应采取协商的方法确定，在协调无效时，由总监理工程师作出决定。

61. 什么是投资的事前控制？事前控制有哪些主要内容？

答：投资的事前控制是指工程项目正式开工以前，监理工程师为控制工程投资而采取的相关措施。事前控制主要包括以下内容：

（1）熟悉设计图纸、设计要求、标书文件，分析合同构成因素，明确工程费用最易突破的部分和环节，从而明确投资控制的重点。

（2）预测工程风险及可能发生索赔的原因，制定防范对策，减少向业主索赔的事件发生。

（3）按合同规定的条件，如期提交施工现场，保证如期开工、正常施工、连续施工。

（4）按合同要求，按期、按质安排由业主负责的材料、设备进场。

（5）按合同要求，及时提供设计图纸等技术资料。

62. 什么是投资的事中控制？事中控制有哪些主要内容？

答：投资的事中控制是指在工程施工过程中，监理工程师根据工程实际情况为控制工程投资而采取的有效措施。事中控制主要包括以下内容：

（1）按合同规定，及时答复承包单位提出的有关问题，积极配合承包单位顺利施工。

（2）在施工中主动搞好设计、材料、设备、土建、安装及外部协调和内部配合。

（3）工程变更、设计修改要慎重，事前应进行技术经济合理性分析。

（4）严格经费签证。凡涉及费用支出的停工签证、窝工签证、用工签证、使用机械签证、材料代用和材料调价等签证，均由项目总监理工程师最后核签后方有效。

（5）按合同规定，及时对已完工程量进行验收，未经监理认可的计量无效。

（6）按合同规定，及时向承包单位支付进度款。避免无故拖延签证，造成违约的被动局面。

（7）完善价格信息制度，及时掌握国家调价的范围和幅度。

（8）检查、监督承包单位执行合同情况，督促承包单位全面履约。

（9）定期向总监理工程师、业主报告工程投资动态的情况。

（10）定期、不定期地进行工程费用超支分析，并提出控制工程费用突破的方案和措施。

63. 在施工中,监理机构可指示承包人实施哪些类型的工程变更?

答:监理机构可根据工程的需要并经发包人同意,指示承包人实施下列各种类型的工程变更:

(1)增加或减少施工合同中的任何一项工作内容。

(2)取消施工合同中任何一项工作(但被取消的工作不能转由发包人或其他承包人实施)。

(3)改变施工合同中任何一项工作的标准或性质。

(4)改变工程建筑物的形式、基线、标高、位置或尺寸。

(5)改变施工合同中任何一项工程经批准的施工计划、施工方案。

(6)追加为完成工程所需的任何额外工作。

(7)增加或减少合同中项目的工程量超过合同约定的百分比。

64. 在施工中,工程参建各方都有权提出工程变更建议吗?

答:依据施工合同约定或工程需要,工程参建各方均有权提出工程变更建议,具体规定如下:

(1)发包人可依据施工合同约定或工程需要提出工程变更建议。

(2)设计单位可依据有关规定或设计合同约定在其职责与权限范围内提出对工程设计文件的变更建议。

(3)承包人可依据监理机构的指示,或根据工程现场实际情况提出变更建议。

(4)监理机构可依据有关规定、规范,或根据现场实际情况提出变更建议。

需要指出的是,工程变更建议书的提交,必须符合以下原则:

(1)工程变更建议书提出时,应考虑留有为发包人与监理机构对变更建议进行审查、批准,设计单位进行变更设计以及承包人进行施工准备的合理时间。

（2）在特殊情况下,如出现危及人身、工程安全或财产严重损失的紧急事件时,工程变更不受时间限制,但监理机构仍应督促变更提出单位及时补办相关手续。

65. 监理机构对工程变更建议书的审查应符合哪些要求与原则?

答:监理机构对工程变更建议书的审查应符合下列要求:

（1）变更后不降低工程质量标准,不影响工程完建后的功能和使用寿命,且符合下列要求:

①工程变更在施工技术上可行、可靠;

②工程变更引起的费用及工期变化经济合理;

③工程变更不对后续施工产生不良影响。

（2）监理机构审核承包人提交的工程变更报价时,应按下述原则处理:

①如果施工合同工程量清单中有适用于变更工作内容的项目,应采用该项目的单价或合价;

②如果施工合同工程量清单中无适用于变更工作内容的项目,可引用施工合同工程量清单中类似项目的单价或合价作为合同双方变更议价的基础;

③如果施工合同工程量清单中无此类似项目的单价或合价,或者单价或合价明显不合理或不适用的,经协商后由承包人依照招标文件确定的原则和编制依据重新编制单价或合价,经监理机构审核后报发包人确认。

（3）当发包人与承包人对工程变更报价协商不能一致时,监理机构应确定合适的暂定单价或合价,通知承包人执行。

66. 工程变更的实施必须经过哪些工作程序？

答:工程变更的实施必须经过以下工作程序:

(1)经监理机构审查同意的工程变更建议书需报发包人批准。

(2)经发包人批准的工程变更,应由发包人委托原设计单位负责完成具体的工程变更设计工作。

(3)监理机构核查工程变更设计文件、图纸后,应向承包人下达工程变更指示,承包人据此组织工程变更的实施。

(4)监理机构根据工程的具体情况,为避免耽误施工,可将工程变更分两次向承包人下达:先发布变更指示(变更设计文件、图纸),指示其实施变更工作;待合同双方进一步协商确定工程变更的单价或合价后,再发出变更通知(变更工程的单价或合价)。

67. 什么是工程索赔？

答:工程索赔是指在工程承包合同履行中,当事人一方因对方不履行或不完全履行既定的义务或由于对方的行为使权利人受到损失时,由受损失方要求对方补偿损失的权利。索赔的性质属于经济补偿,而不是惩罚。索赔是双向的,一般来讲,承包人向业主索赔称为工程索赔,而业主向承包人索赔称为反索赔。索赔按目的不同可分为费用索赔和工期索赔。

68. 监理机构对工程索赔的管理有哪些规定？

答:监理机构对工程索赔的管理应符合下列规定:

(1)监理机构应受理承包人和发包人提出的合同索赔,但不接受未按施工合同约定的索赔程序和时限提出的索赔要求。

(2)监理机构在收到承包人的索赔意向通知后,应核查承包人的当时记录,指示承包人做好延续记录,并要求承包人提供进一步的支持性资料。

（3）监理机构在收到承包人的中期索赔申请报告或最终索赔申请报告后，应进行以下工作：

①依据施工合同约定，对索赔的有效性、合理性进行分析和评价；

②对索赔支持性资料的真实性逐一进行分析和审核；

③对索赔的计算依据、计算方法、计算过程、计算结果及其合理性逐项进行审查；

④对于由施工合同双方共同责任造成的经济损失或工期延误，应通过协商一致，公平合理地确定双方分担的比例；

⑤必要时要求承包人再提供进一步的支持性资料。

（4）监理机构应在施工合同约定的时间内作出对索赔申请报告的处理决定，报送发包人并抄送承包人。若合同双方或其中任一方不接受监理机构的处理决定，则按争议解决的有关约定或诉讼程序进行解决。

（5）监理机构在承包人提交了完工付款申请后，不再接受承包人提出的在工程移交证书颁发前所发生的任何索赔事项；在承包人提交了最终付款申请后，不再接受承包人提出的任何索赔事项。

69. 监理机构处理工程索赔应掌握哪些依据？

答：监理机构处理工程索赔应掌握以下依据：

（1）国家有关法律、法规和工程项目所在地的地方法规。

（2）本工程的施工合同文件。

（3）国家、部门和地方有关的标准、规范和定额。

（4）施工合同履行过程中与索赔事件有关的凭证。

70. 监理工程师处理索赔事件应坚持哪些原则？

答：监理工程师处理索赔事件应坚持以下原则：

（1）坚持以法律和建设工程施工合同为依据。监理工程师必须熟悉和详细了解协议条款、合同条件、双方权利与义务的变更文件、招标文件、投标文件、中标通知书、工程量清单、设计图纸和文件，以及有关技术标准、规范、技术资料等，公平、公正地处理合同双方的利益纠纷。

（2）及时收集第一手资料。现场监理工程师应及时、准确、连续地记录索赔事件发生过程的详情，为费用索赔的最后定案取得第一手资料。

（3）索赔处理必须及时。如果合理的索赔要求长时间不能得到解决，不仅会使矛盾随时间的推移而逐步复杂、激化，还会影响工程的正常进行和资金周转，并不断为此耗费有关方的精力。此外，还可能影响后续相关工程的正常进行，进而增加索赔处理的难度。

（4）减少或避免不必要的索赔。监理工程师应在可能的情况下，将预料到可能发生的影响工程施工的情况或问题通报给承包人，避免可能给工程造成的损失或返工；监理工程师应及时检查和进行隐蔽工程验收，以便发现问题及时处理，尽量减少由此引起的返工、报废的损失，避免索赔事件的发生；监理工程师还应该尽可能地对可能引起索赔的因素进行预测，以便采取防范措施。

71. 项目监理机构如何监控竣工结算？

答：项目监理机构监控竣工结算应严格按以下程序进行：

（1）承包单位按施工合同规定填报竣工结算报表。

（2）专业监理工程师审核承包单位报送的竣工结算报表。

（3）总监理工程师审定竣工结算报表，与建设单位、承包单位协商一致后，签发竣工结算文件和最终的工程款支付证书，并报建设单位。

72. 监理机构在工程投资控制方面应做好哪些工作？

答：监理机构在工程投资控制方面应做好以下各项工作：

(1)审批承包人提交的资金流计划。

(2)协助发包人编制合同项目的付款计划。

(3)根据工程实际进展情况，对合同付款情况进行分析，提出资金流调整意见。

(4)审核工程付款申请，签发付款证书。

(5)根据施工合同约定进行价格调整。

(6)根据授权处理工程变更所引起的工程费用变化事宜。

(7)根据授权处理合同索赔中的费用问题。

(8)审核完工付款申请，签发完工付款证书。

(9)审核最终付款申请，签发最终付款证书。

73. 可支付的工程量应符合哪些基本条件？

答：可支付的工程量应同时符合以下条件：

(1)经监理机构签认，并符合施工合同约定或发包人同意的工程变更项目的工程量以及计日工。

(2)经质量检验合格的工程量。

(3)承包人实际完成的并按施工合同有关计量规定计量的工程量。

74. 工程计量需经过哪些审核工作程序？

答：工程计量需经过以下审核工作程序：

(1)工程项目开工前，监理机构应监督承包人按有关规定或施工合同约定完成原始地面地形以及计量起始位置地形图的测绘，并审核测绘成果。

(2)工程计量前，监理机构应审查承包人计量人员的资格和计量仪器设备的精度及率定情况,审定计量的程序和方法。

（3）在接到承包人计量申请后,监理机构应审查计量项目、范围、方式,审核承包人提交的计量所需的资料、工程计量已具备的条件。若发现问题,或不具备计量条件,应督促承包人进行修改和调整,直至符合计量条件要求,方可同意进行计量。

（4）监理机构应会同承包人共同进行工程计量;或监督承包人的计量过程,确认计量结果;或依据施工合同约定进行抽样复核。

（5）在付款申请签认前,监理机构应对支付工程量汇总成果进行审查。

（6）若监理机构发现计量有误,可重新进行审核、计量,进行必要的修正与调整。

75. 监理机构对付款申请的审查应符合哪些规定?

答:监理机构对付款申请的审查应符合下列规定:

（1）只有计量结果被认可,监理机构方可受理承包人提交的付款申请。

（2）承包人应按照《水利工程项目施工监理规范》(SL 288—2003)中规定的表格式样,在施工合同约定的期限内填报付款申请报表。

（3）监理机构在接到承包人付款申请后,应在施工合同约定时间内完成审核。付款申请应符合以下要求:

①付款申请报表填写符合规定,证明材料齐全;

②申请付款项目、范围、内容、方式符合施工合同约定;

③质量检验签证齐备;

④工程计量有效、准确;

⑤付款单价及合价无误。

76. 监理机构如何审核支付工程预付款？

答：监理机构审核支付预付款应符合以下规定：

（1）监理机构在收到承包人的工程预付款申请后，应审核承包人获得工程预付款已具备的条件。条件具备、额度准确时，可签发工程预付款付款证书。

（2）监理机构在收到承包人的工程材料预付款申请后，应审核承包人提供的单据和有关证书资料，并按合同约定随工程价款月支付一起支付。

77. 监理机构如何审核工程价款月支付？

答：监理机构审核工程价款月支付应符合下列规定：

（1）工程价款月支付每月一次。在施工过程中，监理机构应审核承包人提出的月支付申请，同意后签发工程价款月付款证书。

（2）工程价款月支付申请包括以下内容：

①本月已完成并经监理机构签认的工程项目应付金额；

②经监理机构签认的当月计日工的应付金额；

③工程材料预付款金额；

④价格调整金额；

⑤承包人有权得到的其他金额；

⑥工程预付款和工程材料预付款扣回金额；

⑦保留金扣留金额；

⑧合同双方争议解决后的相关支付金额。

78. 何谓计日工？计日工支付有何规定？

答：计日工是指经监理机构指示承包人以计日方式完成一些未包括在施工合同中的特殊的、零星的、漏项的或紧急的工作内容所消耗的工作日。

计日工支付应符合下列规定：

（1）监理机构在指示下达后应检查和督促承包人按指示的要求实施，完成后确认其计日工工作量，并签发有关付款证明。

（2）监理机构在下达指示前应取得发包人批准。承包人可将计日工支付随工程价款月支付一同申请。

79. 何谓完工支付？完工支付有何规定？

答：完工支付是指在工程验收合格以后，承包人在收到工程移交证书后所提交的已完工程的付款申请。

完工支付应符合下列规定：

（1）监理机构应及时审核承包人在收到工程移交证书后提交的完工付款申请及支持性资料，签发完工付款证书，报发包人批准。

（2）审核内容如下：

①到移交证书上注明的完工日期止，承包人按施工合同约定累计完成的工程金额；

②承包人认为还应得到的其他金额；

③发包人认为还应支付或扣除的其他金额。

80. 何谓最终支付？最终支付有何规定？

答：最终支付是指承包人在收到工程保修责任终止证书后提交的最后一次付款申请及结账清单（工完账清）。

最终支付应符合下列规定：

（1）监理机构应及时审核承包人在收到保修责任终止证书后提交的最终付款申请及结算清单，签发最终付款证书，报发包人批准。

（2）审核内容如下：

①承包人按施工合同约定和经监理机构批准已完成的全部工程金额；

②承包人认为还应得到的其他金额；

③发包人认为还应支付或扣除的其他金额。

81. 什么是竣工预验收？

答：竣工预验收是在工程正式验收以前，由监理机构组织设计、施工等单位，依据有关法律、法规、工程建设强制性标准、设计文件及施工合同，对承包单位报送的竣工资料进行审查，并对工程质量预先进行一次全面检查，对存在的问题，及时要求承包单位整改。整改完毕由总监理工程师签署工程竣工报验单，并在此基础上提出工程质量评估报告。工程质量评估报告应经总监理工程师和监理单位技术负责人审核签字。

竣工预验收一般按照以下程序进行：

（1）当单位工程达到竣工验收条件后，承包单位应在自审、自查、自评工作完成后，填写工程竣工报验单，并将全部竣工资料报送项目监理机构，申请竣工验收。

（2）总监理工程师应组织各专业监理工程师对竣工资料及各专业工程的质量情况进行全面检查，对检查出的问题，应督促承包单位及时整改。

（3）对需要进行功能试验的工程项目（包括单机试车和无负荷试车），监理工程师应督促承包单位及时进行试验，并对重要项目进行现场监督、检查，必要时请建设单位和设计单位参加；监理工程师应认真审查试验报告单。

（4）监理工程师应督促承包单位搞好成品保护和现场清理。

（5）经项目监理机构对竣工资料及实物全面检查、验收合格后，由总监理工程师签署工程竣工报验单，并向建设单位提交质量评估报告。

82. 监理机构对工程验收有哪些主要职责？

答：监理机构对工程验收的主要职责如下：

（1）协助发包人制订各时段验收工作计划。

（2）编写各时段工程验收的监理工作报告,整理监理机构应提交和提供的验收资料。

（3）参加或受发包人委托主持分部工程验收,参加阶段验收、单位工程验收、竣工验收。

（4）督促承包人提交验收报告和相关资料,并协助发包人进行审核。

（5）督促承包人按照验收鉴定书中对遗留问题提出的处理意见完成处理工作。

（6）验收通过后及时签发工程移交证书。

83. 单位工程验收应符合哪些规定?

答:单位工程验收应符合下列规定:

（1）监理机构应参加单位工程验收工作,并在验收前按规定提交单位工程验收监理工作报告和相关资料。

（2）在单位工程验收前,监理机构应督促承包人提交单位工程验收施工管理工作报告和相关资料,并进行审核,指示承包人对报告和资料中存在的问题进行补充、修正。

（3）在单位工程验收前,监理机构应协助发包人检查单位工程验收应具备的条件,检验分部工程验收中提出的遗留问题的处理情况,并参加单位工程质量评定。

（4）对于投入使用的单位工程,在验收前,监理机构应审核承包人因验收前无法完成、但不影响工程投入使用而编制的尾工项目清单和已完工程存在的质量缺陷项目清单及其延期完工、修复期限和相应施工措施计划。

（5）督促承包人提交针对验收中提出的遗留问题的处理方案和实施计划,并进行审批。

（6）投入使用的单位工程验收通过后,监理机构应签发工程移交证书。

84. 合同项目完工验收有何要求？

答：合同项目完工验收应符合以下规定：

（1）当承包人按施工合同约定或监理指示完成所有施工工作时，监理机构应及时提请发包人组织合同项目完工验收。

（2）监理机构应在合同项目完工验收前，按规定整编资料，提交合同项目完工验收监理工作报告。

（3）监理机构应在合同项目完工验收前，检验前述验收后尾工项目的实施和质量缺陷的修补情况；审核拟在保修期实施的尾工项目清单；督促承包人按有关规定和施工合同约定汇总、整编全部合同项目的归档资料，并进行审核。

（4）督促承包人提交针对已完工程中存在的质量缺陷和遗留问题的处理方案和实施计划，并进行审批。

（5）验收通过后，监理机构应按合同约定签发合同项目工程移交证书。

85. 监理机构在工程质量保修期承担哪些职责？

答：根据《建设工程质量管理条例》的规定，质量保修期内的监理工作期限，由监理单位与建设单位根据工程实际情况，在委托监理合同中约定，一般以一年为宜。

在承担工程质量保修期的监理工作时，监理单位可不设立项目监理机构，宜在参加施工阶段监理工作的监理人员中保留必要的人员。监理人员对建设单位提出的工程质量缺陷进行检查和记录，对承包单位进行修复的工程质量进行验收，合格后签认。

对于非承包单位原因造成的工程质量缺陷，修复费用的核实及签署支付证明宜由原施工阶段的总监理工程师或其授权人签认，并报建设单位。

第三章　安全监理

1.安全监理的定义及水利工程施工中的安全监理的意义是什么?

答:所谓安全监理,是指建设监理机构对工程施工过程中的安全工作进行的计划、组织、指挥、控制、监督等一系列管理活动。其目的在于保证工程安全和建设职工的人身安全。

众所周知,工程监理机构和监理工程师应当按照法律、法规和工程建设强制性标准实施监理,并对建设工程安全生产承担监理责任。

水利工程的特点是产品固定、人员流动,且多为露天、地下、高处作业,受洪水威胁,施工环境和作业条件差,不安全因素随着工程形象进度的变化而不断变化。因此,水利工程施工属于事故多发行业之一,安全生产与安全管理极为重要。《中华人民共和国建筑法》、《中华人民共和国安全生产法》对安全生产管理都有明确规定,对强化工程建设安全生产管理、保证建设工程的安全性能、保障员工及相邻居民的人身和财产安全都具有非常重要的意义。

2.为什么说建设工程安全生产管理必须坚持"安全第一、预防为主"的方针?

答:2002年6月29日第九届全国人大常委会颁布的《中华人民共和国安全生产法》第三条规定:安全生产管理,坚持"安全第一、预防为主"的方针。所谓"安全第一、预防为主"的方针,是指将建设工程安全生产放到第一位,采取措施防止工程事故发生的方针。安全第一是从保护和发展生产力的角度,表明在生产范围内安全与生产的关系,肯定安全在建设生产活动中的首要位置和重要性。预防为主是指在建设生产活动中,针对工程建设的特点,对生产要素采取管理措施,有效地控制不安全因素的发展与扩大,把可能发生的事故消灭在萌芽状态,以保证生产活动中人的安全与健康。"安全第一、预防为主"的方针,体现了国家对建设工程安全生产过程中以人为本、保护劳动者权利、保护社会生产力、保护工程建设的高度重视。

3. 地方中小水利工程建设安全生产具有哪些特点?

答:地方中小水利工程建设具有工程分散、施工技术和施工环境复杂、建设过程受来自外部的自然社会因素变化影响敏感、工程投资渠道多头且规模有限、建设周期相对较短、不安全危险源难以控制管理等特点,致使地方中小水利工程建设的安全生产管理工作任务十分艰巨。因此,坚持"安全第一、预防为主、综合治理"的原则,从源头上监控安全生产,已成为地方中小水利工程建设的当务之急。

4. 地方中小水利工程施工安全事故发生的主要原因是什么?

答:地方中小水利工程施工安全事故发生的主要原因有以下几个方面:

(1)部分市、县主管部门执法不严、监管不力,监管能力与日益增大的水利工程建设规模不相适应。一些地方中小水利工程项目不依法履行建设程序。有的工程未办理施工许可、安全监督等手续便仓促上马开工。安全生产管理工作未能全部纳入参建单位的议事日程。

(2)部分承包单位安全生产管理基础薄弱、管理混乱、投入不足,安全生产保证能力低下。特别是一些非正规临时拼凑的施工队伍,没有条件对作业人员进行安全技术培训,未给施工人员办理意外伤害保险,个别承包单位甚至编制虚假材料,骗取资质证书和安全生产许可证。

此外,由于多种原因(如垫资、压价、拖欠和恶性竞争等),承包单位重经济效益、轻安全防护的思想较为普遍。一些水利工程施工单位由于经济拮据,舍不得把投资用在添置安全防护设施上,对贯彻《建设工程安全生产管理条例》行动不力,在加强安全防护方面说得多、做得少,搞形式、走过场,不解决实际问题,施工现场的安全生产薄弱环节和安全隐患不可能根本消除。

(3)部分建设单位不认真履行安全管理职责,任意压缩合理工期,不按国家政策规定及时支付安全生产措施费用。

(4)一些工程监理单位对自身应负的安全职责认识不清,不熟悉相关法律、法规赋予监理人员的安全监管职责,未能有效发挥应有的安全监理作用。加之市县级所属监理单位人才匮乏,资源不足,检测设备仪器紧缺,根本无条件达到国家法律、法规对实施安全监理提出的要求和标准,成为水利工程建设中安全生产监控死角。

(5)地方中小水利工程属于分级投资,部分资金需由地方匹配,而地方政府往往限于财力不足,大部分匹配资金难以如期到位,工程建设仅依靠国家投资部分"可汤泡馍",工程建设折减,低价中标或低价承包现象普遍存在,安全管理成为被压缩、被忽略的薄弱环节。

5. 监理机构如何对水利工程施工实施安全监控?

答:监理机构对水利工程施工实施安全监控主要包括下列内容:

(1)监理机构应根据施工合同文件的有关约定,协助发包人进行施工安全的检查、监督。

（2）工程开工前，监理机构应督促承包人建立健全施工安全保障体系和安全管理规章制度，对职工进行施工安全教育和培训；对施工组织设计中的施工安全措施进行审查。

（3）在施工过程中，监理机构应对承包人执行施工安全的法律、法规和工程建设强制性标准以及施工安全措施的情况进行监督、检查。发现不安全因素和安全隐患时，应指示承包人采取有效措施予以整改。若承包人延误或拒绝整改，监理机构可责令其停工。当监理机构发现存在重大安全隐患时，应立即指示承包人停工，做好防患措施，并及时向发包人报告；如有必要，应向政府有关主管部门报告。

（4）当发生施工安全事故时，监理机构应协助发包人进行安全事故的调查处理工作。

（5）监理机构应协助发包人在每年汛前对承包人的度汛方案及防汛预案的准备情况进行检查。

6.《建设工程安全生产管理条例》关于工程监理的安全责任有哪些具体规定？

答：《建设工程安全生产管理条例》关于工程监理的安全责任有以下具体规定：

（1）工程监理单位应当审查施工组织设计中的安全技术措施或者专项施工方案是否符合工程建设强制性标准。

（2）工程监理单位在实施监理过程中，发现存在安全事故隐患时，应当要求施工单位整改；情况严重的，应当要求施工单位暂时停止施工，并及时报告建设单位。施工单位拒不整改或者不停止施工的，工程监理单位应当及时向有关主管部门报告。

（3）工程监理单位和监理工程师应当按照法律、法规和工程建设强制性标准实施监理，并对建设工程安全生产承担监理责任。

（4）总监理工程师应对下列达到一定规模的危险性较大的分

部分项工程的专项施工方案进行审查签认,由施工单位专职安全生产管理人员进行现场监督:①基坑支护与降水工程;②土方开挖工程;③模板工程;④起重吊装工程;⑤脚手架工程;⑥拆除、爆破工程;⑦国务院建设行政主管部门或者其他有关部门规定的其他危险性较大的工程。

7. 建设部为什么要制定《关于落实建设工程安全生产监理责任的若干意见》?

答:《建设工程安全生产管理条例》(简称《条例》)已经把安全纳入了监理的范围,将工程监理单位在建设工程安全生产活动中所要承担的安全责任法制化,因此监理单位就必须贯彻执行,切实履行《条例》规定的职责。但是,由于《条例》只对监理单位在安全生产中的职责和法律责任作了原则上的规定,《条例》实施后,一方面,工程监理单位和监理人员感到缺少可操作性的具体规定,另一方面,政府有关部门在处理安全生产事故时,对《条例》理解和掌握的尺度不尽相同,致使有些地方把监理单位和监理人员的安全责任无限扩大,对于所有的安全生产事故,主管部门都要处罚监理单位和监理人员。为此,建设部组织制定了《关于落实建设工程安全生产监理责任的若干意见》(简称《意见》)。《意见》的总体思路如下:一是以《条例》为依据,将安全监理的工作内容具体化,明确相应的工作程序;二是将监理单位和监理人员承担的安全生产监理责任进一步界定清楚;三是指导监理单位建立相应的管理制度,落实好安全生产监理责任,使安全监理工作更加法制化、科学化、规范化。

8.《建设工程安全生产管理条例》对工程监理单位的安全生产法律责任是如何界定的?

答:《建设工程安全生产管理条例》(简称《条例》)第五十七

条规定:工程监理单位有下列行为之一的,责令限期改正;逾期未改正的,责令停业整顿,并处 10 万元以上 30 万元以下的罚款;情节严重的,降低资质等级,直至吊销资质证书;造成损失的,依法承担赔偿责任:

(1)未对施工组织设计中的安全技术措施或者专项施工方案进行审查的。

(2)发现安全事故隐患未及时要求施工单位整改或者暂时停止施工的。

(3)施工单位拒不整改或者不停止施工,未及时向有关主管部门报告的。

(4)未依据法律、法规和工程建设强制性标准实施监理的。

监理单位履行了《条例》的职责,若再发生安全生产事故的,要依法追究监理单位以外的其他相关单位和人员的法律责任,而不再追究监理单位及监理人员的法律责任。

9. 施工准备阶段安全监理有哪些主要工作内容?

答:施工准备阶段安全监理的主要工作内容如下:

(1)监理单位应根据《建设工程安全生产管理条例》的规定,按照工程建设强制性标准、《建设工程监理规范》(GB 50319—2000)和《水利工程建设项目施工监理规范》(SL 288—2003)的要求,编制包括安全监理内容的项目监理规划,明确安全监理的范围、内容、工作程序和制度措施,以及人员配备计划和职责等。

(2)对中型及以上项目危险性较大的分部分项工程,监理单位应当编制监理实施细则。监理实施细则应当明确安全监理的方法、措施和控制要点,以及对承包单位安全技术措施的检查方案。

(3)审查承包单位编制的施工组织设计中的安全技术措施和危险性较大的分部分项工程安全专项施工方案是否符合工程建设强制性标准要求。

（4）检查承包单位在工程项目上的安全生产规章制度和安全监管机构的建立健全情况及专职安全管理人员配备情况，督促承包单位检查各分包单位的安全生产规章制度的建立情况。

（5）审查承包单位资质和安全生产许可证是否合法有效。

（6）审查项目经理和专职安全生产管理人员是否具备合法资格，是否与投标文件相一致。

（7）审核特种作业人员的特种作业操作资格证书是否合法有效。

（8）审核承包单位度汛方案、防汛预案、应急救援预案和安全防护措施费用使用计划。

10. 施工阶段安全监理有哪些主要工作内容？

答：施工阶段安全监理的主要工作内容如下：

（1）监督承包单位按照施工组织设计中的安全技术措施和专项施工方案组织施工，及时制止违规施工作业。

（2）定期巡视检查施工过程中的危险性较大的工程作业情况。

（3）核查施工现场施工起重机械、整体提升脚手架、模板等自升式架设设施的安全设施的验收手续。

（4）检查施工现场各种安全标志和安全防护措施是否符合强制性标准要求，并检查安全生产费用的使用情况。

（5）督促承包单位进行安全自查工作，并对承包单位自查情况进行抽查，参加建设单位组织的安全生产专项检查。

11. 落实安全生产监理责任，监理单位自身需要做好哪些工作？

答：落实安全生产监理责任，监理单位必须认真做好以下三个方面的工作：

（1）健全监理单位安全监理责任制。监理单位法定代表人应对本单位监理工程项目的安全监理全面负责。总监理工程师要对工程项目的安全监理负责，并根据工程项目特点，明确监理人员的安全监理职责。

（2）完善监理单位安全生产管理制度。在健全审查核验制度、检查验收制度和督促整改制度基础上，完善工地例会制度及资料归档制度。定期召开工地例会，针对工程施工安全生产的薄弱环节，提出整改意见，并督促落实；指定专人负责监理内业资料的整理、分类及立卷归档。

（3）建立监理人员安全生产教育培训制度。监理单位的总监理工程师和安全监理人员需经安全生产教育培训后方可上岗，其教育培训情况记入个人继续教育档案。

12. 监理工程师在塔吊安全施工中有哪些应尽职责？

答：监理工程师在塔吊安全施工中应充分履行自己的如下职责：

（1）审查施工组织设计时，要结合现场实际情况，审查施工平面布置图上塔吊位置是否合理，在塔吊运行范围内，有无高压电线或者非施工人员通道；如果有，则要求承包单位搭设防护措施，并另报单项承包方案，经审批后实施。

（2）审查施工组织设计中有无塔吊使用的安全措施。

（3）塔吊进场后，要检查制造厂家有无生产许可证、出厂合格证，有无产权单位的起重机械设备安全技术档案。

（4）检查安装单位是否具有建设行政主管部门的塔吊安装专业承包资质证书，从业人员是否具有作业或管理资格证书。

（5）安装完毕向使用单位移交前，应当委托建筑起重机械检测机构进行检测，并与产权单位和使用单位联合进行安装质量验收，经验收合格后，方可投入使用。

（6）塔吊使用前还要经当地安全监督部门核查批准，使用时把安全监督部门核发的准用证和检测合格证置于或附着于塔吊的显著位置。

（7）检查确认塔吊操作人员必须有培训合格证。无证人员不允许操作。

（8）在塔吊使用过程中，监理人员如发现不安全因素，应当按照安全生产管理条例，行使安全监理职责。

13. 什么是"重大危险源"？如何识别？

答：重大危险源是指存在重大施工危险的分部分项工程，主要包括：

（1）施工现场开挖深度超过 5 m，或深度虽未超过 5 m（含 5 m），但地质条件和周围环境及地下管线极其复杂的基坑、沟（槽）工程。

（2）地下暗挖工程。

（3）水平混凝土构件模板支撑系统高度超过 8 m，或跨度超过 18 m，施工总荷载大于 10 kN/m²，或集中线荷载大于 15 kN/m² 的高大模板工程以及各类工具式模板工程，包括滑模、爬模、大模板等。

（4）30 m 及以上高空作业。

（5）建筑物（构筑物）拆除爆破和其他土石方大爆破。

（6）大型起重机械设备安装拆卸。

（7）超重吊装工程。

（8）悬挑式脚手架、高度超过 24 m 的落地式钢管脚手架、附着式升降脚手架、吊篮脚手架。

（9）其他专业性强、工艺复杂、危险性大、交叉等易发生重大事故的施工部位及作业活动。

14. 在安全监理过程中,监理工程师在什么情况下可以直接下达暂停施工令?

答:如遇到下列情况,监理工程师应直接下达暂停施工令,并及时向项目总监理工程师和建设单位汇报:

(1)施工中出现安全异常或违规操作,经指出后,施工单位未采取改进措施或改进措施不符合要求时。

(2)对已发生的工程事故未进行有效处理而继续作业时。

(3)安全措施未经自检而擅自使用时。

(4)擅自变更设计图纸进行施工时。

(5)使用没有合格证明的机械、设备、材料或擅自替换、变更工程材料时。

(6)未经安全资质审查的分包单位的施工人员进入施工现场施工时。

(7)出现安全事故时。

15. 施工现场的安全监理有哪些主要内容?

答:施工现场安全监理有以下主要内容:

(1)现场安全管理:现场安全首先应建立总包单位专职管理,应在施工组织设计中明确设立现场安全保卫的专职岗位及人员。监理单位督促检查总包单位安全责任制的落实情况,进行经常性教育、安全技术交底、安全纪律检查、安全标志和安全标语宣传及现场道路畅通等检查工作。

(2)安全用具:督促检查安全帽、安全带、安全网的使用是否齐全。

(3)边口防护:检查出入通道口、井字提升架进料入口以及建筑物的周边、施工卸料台周边、斜道周边等有否防护措施。

(4)脚手架:检查是否符合施工作业标准、是否牢固可靠。

(5)龙门架、井架、塔吊等:塔吊的避雷接地、缆风绳、锚固保险可靠。检查塔吊安装就位情况,塔吊就位后,应由法定检测单位提供认可检测报告。

16. 监理机构对施工环境保护的监控应符合哪些规定?

答:监理机构对施工环境保护的监控应符合下列规定:

(1)工程项目开工前,监理机构应督促承包人按施工合同约定编制施工环境管理和保护方案,并对落实情况进行检查。

(2)监理机构应监督承包人避免对施工区域的植物、生物和建筑物造成破坏。

(3)监理机构应要求承包人采取有效措施,对施工中开挖的边坡及时进行支护并做好排水措施,尽量避免对植被的破坏,并对受到破坏的植被及时采取恢复措施。

(4)监理机构应监督承包人严格按照批准的弃渣规划有序地堆放、处理和利用废渣,防止任意弃渣造成环境污染,影响河道行洪能力和其他承包人的施工。

(5)监理机构应监督承包人严格执行有关规定,加强对噪声、粉尘、废气、废水、废油的控制,并按施工合同约定进行处理。

(6)监理机构应要求承包人保持施工区和生活区的环境卫生,及时清除垃圾和废弃物,并运至指定地点进行处理。进入现场的材料、设备应有序放置。

(7)工程完工后,监理机构应监督承包人按施工合同约定拆除施工临时设施,清理场地,做好环境恢复工作。

第四章 监理信息管理

1. 监理机构的监理信息管理体系包括哪些内容?

答:监理机构的监理信息管理体系包括下列内容:

(1)设置信息管理人员并制定相应岗位职责。

(2)制定包括文档资料收集、分类、整编、归档、保管、传阅、查阅、复制、移交、保密等的制度。

(3)制定包括文件资料签收、送阅与归档程序,文件起草、打印、校核、签发、传递程序等文档资料的管理程序。

(4)文件、报表格式按以下规定:

①常用报告、报表格式应采用《水利工程建设项目施工监理规范》(SL 288—2003)所列的和水利部印发的其他标准格式;

②文件格式应遵守国家及有关部门发布的公文管理格式,如文号、签发、标题、关键词、主送与抄送、密级、日期、纸型、版式、字体、份数等。

(5)建立信息目录分类清单、信息编码体系,确定监理信息资料内部分类归档方案。

(6)建立信息采集、分析、整理、保管、归档、查询系统及计算机辅助信息管理系统。

2. 监理实施过程中的信息资料包括哪些内容?

答:监理实施过程中的信息资料包括以下内容:

(1)勘察、测量资料及其复核资料。

(2)施工图纸和文件。

(3)监理规划、监理实施细则。

（4）分包审批资料。

（5）施工组织设计、施工措施计划、施工进度计划、资金流计划等资料。

（6）材料、构配件和工程设备等报验、检验资料。

（7）工程计量证书和工程付款证书。

（8）工程变更与索赔资料。

（9）质量缺陷与事故的处理资料。

（10）工程质量评定和工程验收资料。

（11）监理工作来往文件、指示、通知单、签证、移交证书、保修责任终止证书等。

（12）监理日志（记）、会议纪要、监理报告。

（13）其他资料。

3. 什么是建设工程文件？什么是监理文件？

答：建设工程文件是指在工程建设过程中形成的各种形式的信息记录，包括工程准备阶段文件、监理文件、施工文件、竣工图纸和竣工验收文件，可简称为工程文件。

监理文件是指监理单位在工程设计、施工等监理过程中形成的文件，如监理规划、监理月报和监理会议纪要等。

4. 编发监理文件有哪些规定？

答：监理文件的编发应符合下列规定：

（1）按规定程序起草、打印、校核、签发监理文件。

（2）监理文件应表述明确、数字准确、简明扼要、用语规范、引用依据恰当。

（3）按规定格式编写监理文件，紧急文件应注明"急件"字样，有保密要求的文件应注明密级。

5.监理通知与联络有何规定?

答:监理通知与联络应符合下列规定:

(1)监理机构与发包人和承包人以及与其他人的联络应以书面文件为准。在特殊情况下可先口头或电话通知,但事后应按施工合同约定及时予以书面确认。

(2)监理机构发出的书面文件,应加盖监理机构公章,并由总监理工程师或其授权的监理工程师签字和加盖本人注册印鉴。

(3)监理机构发出的文件应做签发记录,并根据文件类别和规定的发送程序,送达对方指定联系人,由收件方指定联系人签收。

(4)监理机构对所有来往文件均应按施工合同约定的期限及时发出和答复,不得扣压或拖延,也不得拒收。

(5)监理机构收到政府有关管理部门和发包人、承包人的文件,均应按规定程序办理签收、送阅、收回和归档等手续。

(6)在监理合同约定期限内,发包人应就监理机构书面提交并要求其作出决定的事宜予以答复;超过期限,监理机构未收到发包人的书面答复,则视为发包人同意。

(7)对于承包人提出要求确认的事宜,监理机构应在约定时间内给予书面答复;逾期未答复,则视为监理机构认可。

6.监理档案资料管理有何要求?

答:监理档案资料管理应符合下列要求:

(1)监理机构应督促承包人按有关规定和施工合同约定做好工程资料档案的管理工作。

(2)监理机构应按有关规定及监理合同约定做好监理资料档案的管理工作。凡要求立卷归档的资料,均应按照规定及时归档。

(3)监理资料档案应妥善保管。

(4)在监理服务期满后,对应由监理机构负责归档的工程资料档案逐项清点、整编、登记造册,向发包人移交。

7. 工程监理文件资料归档范围分为哪些部分?

答:工程监理文件资料归档范围分为以下 10 个部分:

(1)监理规划。包括监理规划、监理实施细则、监理旁站方案、监理机构总控制计划等。

(2)监理月报。

(3)监理会议纪要。

(4)进度控制。包括工程开工/复工审批表、工程开工/复工暂停令。

(5)质量控制。包括不合格的项目通知、质量事故报告及处理意见。

(6)造价控制。包括预付款报审与支付,月付款报审与支付,设计变更、洽商费用报审与签认,工程竣工决算审核意见书。

(7)分包资质。包括分包单位资质材料、供货单位资质材料、试验等单位资质材料。

(8)监理通知。包括有关进度控制的监理通知、有关质量控制的监理通知、有关造价控制的监理通知。

(9)合同与其他事项管理。包括工程延期报告及审批,费用索赔报告及审批,合同争议、违约报告及处理意见,合同变更材料。

(10)监理工作总结。包括专题总结、月报总结、工程竣工报告、质量评价意见报告(评估报告)。

8. 工程监理文件保管期限有何规定?

答:根据《建设工程文件归档整理规范》(GB/T 50328—2001)的规定,工程监理文件保管期限分为长期保管与短期保管两类。

(1)长期保管。包括:①委托监理合同;②工程项目监理机构(项目监理部)及负责人名单;③监理月报中的有关质量问题;

④监理会议纪要中的有关质量问题;⑤工程开工/复工审批表;⑥工程开工/复工暂停令;⑦质量事故报告及处理意见;⑧有关进度控制的监理通知;⑨有关质量控制的监理通知;⑩有关造价控制的监理通知;⑪工程延期报告及审批;⑫费用索赔报告及审批;⑬合同争议、违约报告及处理意见;⑭合同变更材料;⑮工程竣工报告;⑯质量评价意见报告;⑰分项工程质量验收记录;⑱基础主体工程验收记录;⑲分部工程质量验收记录。

(2)短期保管。包括:①监理规划;②监理实施细则;③监理机构总控制计划;④专题总结;⑤月报总结。

工程文件的保管期限分为永久、长期、短期三种期限。永久是指工程档案需永久保存。长期是指工程档案的保存期限等于该工程的使用寿命。短期是指工程档案保存20年以下。工程监理文件的保存期限为后两种期限。

9.施工阶段的监理资料有哪些内容?

答:施工阶段的监理资料应包括以下内容:①施工合同文件及委托监理合同;②勘察设计文件;③监理规划;④监理实施细则;⑤分包单位资格报审表;⑥设计交底与图纸会审会议纪要;⑦施工组织设计(方案)报审表;⑧工程开工/复工审批表、工程开工/复工暂停令;⑨测量核验资料;⑩工程进度计划;⑪工程材料、构配件、设备的质量证明文件;⑫检查试验资料;⑬工程变更资料;⑭隐蔽工程验收资料;⑮工程计量单和工程款支付证书;⑯监理工程师通知单;⑰监理工作联系单;⑱报验申请表;⑲会议纪要;⑳来往函件;㉑监理日记;㉒监理月报;㉓质量缺陷与事故的处理文件;㉔分部工程、单位工程等验收资料;㉕索赔文件资料;㉖竣工结算审核意见书;㉗工程项目施工阶段质量评估报告等专题报告;㉘监理工作总结。

10. 什么是监理月报？监理月报有何特点？

答:监理月报是项目监理机构对一个月内的工程进度情况和"三控、两管、一协调"监理工作的总结,也是业主、上级公司和有关部门了解工程实施现状和检查、评定监理工作的重要依据。

监理月报具有以下特点:

(1)监理月报属于呈报性报告,不需批复,不需转发,既不是请示函,也不是经验总结或专题报告,它是一种以"报告书"的格式出现的监理工作的专业报告。

(2)监理月报重在用数据说话,以文字叙述为准。监理月报围绕"三控、两管、一协调"的工作目标,需要汇报的内容全面,技术性强,必要时还需插入图表,是项目监理机构向业主和上级公司汇报监理工作的主要方式和渠道。通过监理月报,业主和上级公司能尽快了解工程实施动态、成效及存在问题,监理机构可以谋求业主和有关部门的理解、支持和配合,促进工程"三控"目标的顺利实施。

(3)监理月报汇报的内容大部分是既成事实,既不允许夸大其词,也不可避重就轻、文过饰非。特别是要做到实事求是,真实地反映工程存在或面临的问题,并制定相应的对策措施,充分发挥监理工作的反馈、促进功能。一份合格的监理月报是体现项目监理机构的法制观念、工作态度、业务水平和监理能力的重要依据。

(4)监理月报时效性强,其编写必须讲求时限,不能拖延,监理月报报送时间由监理单位和建设单位协商确定。当月的监理月报应在次月5日之前报出;否则,作为一种信息反馈,一旦失去时效,就会耽误工作,给业主和公司带来不良后果。

(5)监理月报必须体现权威性。监理月报应在总监理工程师主持下由各专业监理工程师完成,确保及时、准确,保证质量,最后由总监理工程师签认并报建设单位和本监理单位。

11. 施工阶段的监理月报包括哪些具体内容？

答：施工阶段的监理月报包括以下具体内容：

（1）本月工程概况。

（2）本月工程形象进度。

（3）工程进度。包括：①本月实际完成情况与计划进度比较；②对进度完成情况及采取措施效果的分析。

（4）工程质量。包括：①本月工程质量情况分析；②本月采取的工程质量措施及效果。

（5）工程计量与工程款支付。包括：①工程师审核情况；②工程款审批情况及月支付情况；③工程款支付情况分析；④本月采取的措施及效果。

（6）合同及其他事项的处理情况。包括：①工程变更；②工程延期；③费用索赔。

（7）施工安全和环境保护（本月施工安全措施执行情况，安全事故及处理情况，环境保护情况，对存在的问题采取的措施等）。

（8）监理机构运行情况（本月监理机构的人员及设施、设备情况，尚需发包人提供的条件或解决的问题等）。

（9）本月监理工作小结。包括：①对本月进度、质量、工程款支付等方面情况的综合评价；②本月监理工作情况；③有关本工程的意见和建议；④下月监理工作重点。

（10）本月工程监理大事记。

12. 编写监理月报应掌握哪些技巧和原则？

答：编写监理月报要技巧、原则并用。应结合工程实施，有啥写啥，避免照抄范本，面面俱到，空洞无物。应重点掌握以下几个方面：

（1）本月工程概况：本月监理工作的背景、条件及过程。如落实上月工地例会决议情况及效果；本月工程计划完成情况；采取了哪些新工艺、新技术和新方法。

（2）本月工程形象进度描述。

（3）对工程存在的问题，本月采取了哪些具体措施，效果如何；还有哪些问题有待解决，可分别分层次讲述合同管理、施工分包、工程变更、质量控制、进度控制、计量支付及施工安全等。

（4）有关工程质量控制的各种结果和资料，用文字与图表配合，真实反映本月工作质量情况。

（5）结尾部分要承前启后，叙述下月工作计划与打算，说明下月的工作重点、要求与建议等。

13. 当前，监理月报存在哪些通病？

答：当前，监理月报存在的通病如下：

（1）重视不够，敷衍了事，文字数据过于简单，不能真实反映工程进展全貌。

（2）拖拉、滞后，当月的监理月报推迟到次月才动手编写，不能按时报出。

（3）内容不全面，重点不突出，文字表达不确切，有的项目监理机构把施工报表内容原封不动地汇进监理月报。

（4）监理月报编写、审批签字不全面，缺乏权威性。

（5）文字表述能力差，文图搭配不当，有的项目监理机构的监理月报以表格组合为主；有的项目监理机构的监理月报文字繁杂，表述不清，缺少必要的图表配合。

为避免上述通病，监理机构在编写监理月报以前，应及时收集当月素材，主要由专业监理工程师和监理员提供第一手资料。在内容编排上，要做到文图配合，突出重点，并由总监理工程师审阅、补充、修改定稿。最后打印成册，经总监理工程师签认并报建设单位和本监理单位。

14. 目前,工地例会纪要存在哪些通病?

答:目前,项目监理机构工地例会纪要存在以下通病:会议纪要成了会议记录,各方代表的发言如实记录在案,流水账,篇幅长,条理不清,重点不突出。由于与会者的发言角度不尽相同,中心主题不统一,不具权威性,因此会议召开以后,责任划分不明确,对工程存在的主要问题心中无数,影响检查落实,达不到工地例会提问题、解难题、促进工程顺利开展的目的。

15. 如何起草符合规范要求的工地例会纪要?

答:符合规范要求的工地例会纪要,一般应具备以下内容:

(1)前言:写明例会召开的时间、地点,出席会议者的姓名、单位和职务以及会议主持人姓名。

(2)例会内容。包括:

①检查上次例会议定事项的落实情况,分析未完事项原因;

②检查分析工程项目进度计划完成情况,提出下一阶段进度目标及落实措施;

③检查分析工程项目质量状况,针对存在的质量问题提出改进措施;

④检查分析工程安全生产情况,针对施工现场存在的安全隐患及安全管理薄弱环节提出整改措施;

⑤检查工程量核定及工程款支付情况;

⑥解决需要协调的有关事项;

⑦其他有关事宜。

(3)编写要求。包括:

①将各方发言表述的意见或建议,通过会议讨论,协商达成共识,经过提炼集中形成需要解决的"会议决议事项",逐条整理,不得遗漏;

②把以上"会议决议事项"分类,提出解决问题的措施,落实

单位和负责人,明确落实问题的工作标准、时限要求,同时做到划清责任、各负其责,避免含糊其辞、模棱两可;

③对于不能在本次例会中形成决议的问题(一般有两种可能,一种是需要向上级领导或有关部门请示,另一种是可能需要一定的时间考察或审定),要注明原因,落实具体办事人员,明确提出解决问题的时段,以便在下次例会上给出一个完整的答复;

④纪要内容要求符合国家的有关法律、法规和工程建设强制性条文、合同约定条款、设计文件和技术规范,同时既要做到实事求是、客观公正,又要简明扼要、突出重点;

⑤会议决定事项由与会各方代表会签,并且不可代签。

16. 什么是监理报告？编写监理报告有哪些要求？

答:在工程监理实施过程中,由监理机构提交的报告称为监理报告。监理报告包括监理月报、监理专题报告、监理工作报告和监理工作总结报告。编写监理报告,应符合下列要求:

(1)监理月报:应反映当月的监理工作情况,编制周期与支付周期同步,在下月的 5 日前发出。

(2)监理专题报告:针对工程施工监理过程中某项特定的专题撰写。当专题事件持续时间较长时,监理机构可提交关于专题事件的中期报告。

(3)监理工作报告:在对监理范围内各类工程进行验收时,监理机构应按规定提交相应的监理工作报告。监理工作报告应在验收工作开始前完成。

(4)监理工作总结报告:当施工阶段监理工作结束后,监理机构应在以前各类监理报告的基础上编制全面反映所监理项目情况的监理工作总结报告,并应在结清监理费用后 5~6 日内发出。

(5)总监理工程师应负责组织编制监理报告,审核签字,盖章后,报送发包人和监理单位。

（6）监理报告应真实反映工程或事件状况、监理工作情况，做到内容全面、重点突出、语言简练、数据准确，并附必要的图表、照片和音像资料。

17. 监理工作总结报告应包括哪些内容？

答：监理工作总结报告应包括下列内容：

（1）监理工程项目概况（包括工程特性、合同目标、工程项目组成等）。

（2）监理工作综述（包括监理机构设置与主要工作人员，监理工作内容、程序、方法，监理设备情况等）。

（3）监理规划执行、修订情况的总结评价。

（4）监理合同履行情况和监理过程情况简述。

（5）对质量控制的监理工作成效进行综合评价。

（6）对投资控制的监理工作成效进行综合评价。

（7）对施工进度控制的监理工作成效进行综合评价。

（8）对施工安全与环境保护监理工作成效进行综合评价。

（9）施工过程中出现的问题和处理情况以及经验和建议。

（10）工程建设监理大事记。

（11）其他需要说明或报告的事项。

（12）其他应提交的资料和说明的事项等。

第五章 国家重点水利工程建设监理案例

1. 南水北调工程具有哪些综合效益与功能？

答：南水北调工程是缓解我国北方水资源短缺和生态环境恶化状况，促进水资源整体优化配置的重大战略性基础设施。建设南水北调工程，是党中央、国务院根据我国经济社会发展需要作出的重大决策。通过东、中、西三条调水线路，使长江、淮河、黄河、海河相互连接，形成中国的大水网。

2050年调水总规模将达到448亿 m^3 ，其中东线148亿 m^3 ，中线130亿 m^3 ，西线170亿 m^3 。根据实际情况，三条线路分期实施，建设周期为40～50年。西线工程在青藏高原上，为黄河上中游的西北地区和华北部分地区补水，目前尚未开工；东线工程位于第三阶梯东部，因地势低需抽水北送，供水范围涉及江苏、安徽、山东3省。中线工程从河南、湖北和陕西三省交界的丹江口水库调水，从淅川陶岔渠首引水，沿线开挖渠道，沿京广铁路北上输水至北京、天津。南水北调工程整体上具有显著的社会效益、经济效益和生态效益。其中，经济效益尤为明显。按2000年价格水平，东、中线一期工程实施后，将产生农业供水效益、防洪效益、航运效益、排涝效益和生态环境效益，多年平均年直接经济效益约为553亿元。中线一期工程丹江口水库大坝加高后，可增加防洪库容33亿 m^3 ，与非工程措施和中下游防洪工程相配合，可使汉江中下游地区的防洪标准由目前的20年一遇提高到100年一遇，消除70余万人的洪水威胁。

工程自2002年开工建设以来，各项工作有序推进，部分完建项目和生态保护、移民搬迁等工作发挥综合效益,惠及沿线省市和人民群众。

中线京石段工程已向北京供水累计达 10 亿多 m^3,有效地缓解了北京水资源短缺状况。东线山东、江苏和安徽的已完工程在防汛排涝、抗旱、供水、航运和改善生态环境等方面发挥了重要作用。

2013 年 12 月 8 日,南水北调工程以国家领导人批示讲话的形式宣告了东线正式通水,历时 11 年建设的世纪工程终于步入辉煌的扫尾阶段,国家确定的 2013 年中线河南段 731 km 的主体工程已提前 11 天基本完工,于 2013 年 12 月 25 日全线贯通。南水北调工程广大建设者,在党的十八大精神鼓舞下,正再接再厉,乘胜前进,力保实现中线工程 2014 年 10 月全线顺利通水的计划目标。

2. 南水北调工程建设管理具有哪些特色?

答:国家重点工程南水北调工程在建设管理上具有显著特色,以南水北调中线一期工程天津干线为例:一是管理工作不受建设监理三元主体管理格局约束,业主代表国家利益,统揽全局,从中央到地方,国务院南水北调工程建设委员会、国务院南水北调工程建设委员会办公室、中线建管局、河北省建管中心,形成垂直管理领导体系,加上各级专家检查巡视组织,对工程建设定期或不定期检查巡视,传达上级指令,提出意见或建议,工程参建各方认真整改贯彻执行。二是管理机构组织精干,成员由有关系统遴选的专家组成,谙熟技术、精通业务,对工程建设有充分的发言权。对工程质量"高起点、严要求",以确保工程质量安全为前提,计划目标不能动摇。三是处置工程疑难问题,如环境保护、拆迁、地方干扰、社会治安等,快捷果断,协调能力强。四是重视建设监理工作,形成以政府监理为主导、社会监理为基础的联合监管格局。例如由河北省建管中心工程部、合同部、综合部及监理部(项目监理机构)等组建的省工程管理中心领导组,直接对天津干线工程建设行使管理职权。这种整体综合管理机制,涵盖了工程建设的方方面面,对监理而言,既体现了业主对监理工作的重视与信任,又赋予了监理机构在国家重点工程建设中的管理职责和使命,充分调动了监理机构的积极性和创造性。国家重点工程的建设管理特色实际上已成为建设监理的履职优势。

3. 南水北调工程对工程质量"高起点、严要求"体现在哪些方面?

答:南水北调中线一期工程全长 2 899 km,如有一处出现质量安全事故,后果不堪设想。为此,国务院南水北调工程建设委员会办公室(简称国调办)强调:"质量是南水北调工程的生命。各参建单位要始终以如履薄冰、如临深渊的态度对待质量工作,始终以一丝不苟、精益求精的态度狠抓工程质量管理,始终以过硬的技术水平和成熟的工艺措施保证工程质量,始终坚持进度、质量两手抓两手硬,以进度和质量双目标的实现,来保证各项建设目标的实现。"

自 2002 年开工以来,南水北调工程质量实施严格的以责任追究为核心的查、认、罚监管体系,还推行工程质量终身责任制,谁干的工程谁负责。每月国调办都要进行会商,实施月度与即时责任追究。以 2013 年为例,截至 8 月底,因局部环节管理不到位,就有 7 家建管单位、37 家监理单位和 42 家施工单位等 86 家责任单位、78 名责任人被追究责任。

2013 年 9 月底,南水北调工程建设委员会专家委员会组织一批院士和专家,对中线一期工程开展了质量检查工作,其评价是质量管理体系总体运行良好,工程质量能够保证。南水北调工程"高起点、严要求"的质量管理格局收到了如期效果。

4. 什么是"飞检"？

答：为了加强南水北调工程建设管理，督促有关单位严格执行国家规定的规范规程和技术标准，实现南水北调工程建设目标，2011年8月12日，国务院南水北调工程建设委员会办公室向各参建单位下发了《关于对南水北调工程建设质量、进度、安全开展飞检工作的通知》，决定在南水北调工程建设领域实施"飞检"。

所谓"飞检"，其工作方式是不事先通知检查项目、检查时间，"飞检"人员随时进入施工、仓储、办公、检测、原材料生产等场所，对参建单位及个人在工程建设质量、进度、安全生产过程中的管理行为和工程实体状况进行现场检查。

"飞检"的主要工作内容有以下几个方面：

（1）查阅各类工程质量、进度、安全生产资料。

（2）抽检原材料及中间产品。

（3）采取必要的措施对工序和单元工程质量评定及实体工程质量进行检查。

（4）对相关人员进行工作资质、经验能力比对和鉴别。

（5）对发现的问题延伸核实、取证和调查。

最后，对"飞检"中发现的问题按规定分别处理。

5. 南水北调工程"飞检"专家组是如何开展检查工作的？

答：从国务院南水北调工程建设委员会办公室（简称国调办）深入到工程施工第一线检查指导工作的"飞检"工作组主要成员，大都由学有专长的资深专家组成，他们谙熟技术，精通业务，对工程建设的重要部位和关键工序的施工了如指掌，对工程质量标准、技术要求有充分的发言权。例如，2012年4月，国调办"飞检"工作组莅临中线干线宝邡段第6、第7两个施工标段对工程进行检查。在短短3天中，通过查阅资料、现场检测、座谈调研，并核实取证，共排查出施工质量违规行为11项、工程实体质量问题4项、监理质量管理违规行为 10 项。在检查过程中,工作组专家工作严谨,与人为善,检查结束后,以"质量检查交换意见"的形式向被检查单位提出检查报告和征求意见。报告列举的问题分析到位,有理有据,令人心服口服。专家组对今后整改提出切实可行的意见和建议,使被检查单位受益匪浅。"飞检"受到施工第一线参建各方的欢迎。

6. 如何理解南水北调工程建设对建设监理理论体系建设的探索与创新?

答:在建设领域实行三元主体建设监理制是我国全面实施改革开放与世界经济接轨的必然发展趋势。自 2000 年底国家标准《建设工程监理规范》(GB 50319—2000)颁布以来,我国的建设监理制度逐步走向规范化。通过广大工程建设者的不懈努力,在确保工程质量、施工安全、经济效益等方面取得了显著成效,并积累了有益的经验。然而,与其他工作一样,建设监理制度的引进与实施,同样要结合中国的国情,不可能也没有必要全盘照抄硬搬FIDIC 合同条款对监理单位规定的规则。

南水北调工程是举世瞩目的大型调水工程,是涉及国家政治、科学管理、施工质量安全、环境生态保护、经济、法律、社会民生等诸多方面的庞大复杂的系统工程。没有国家权威机构的直接领导、组织和参与是不可想象的。显然,按照 FIDIC 合同条款规定的以工程师为管理核心的运作机制是行不通的。而南水北调工程采取的国务院南水北调工程建设委员会办公室—中线建管局—省市建管中心各级领导机构与工程建设监理(社会监理)混合监理模式充分体现了中国国情。在我国经济体制转型过程中,由于监理单位的实力,监理人员的素质、合同管理、法律意识、组织协调能力等离建设监理制度的要求尚有一定的差距,在社会需要逐步适应和接受监理制度的情况下,采取这种业主与监理混合管理模式,建设单位直接参与工程管理,特别是业主在为工程建设项目创造条件、筹集资金、协调关系、宏观控制项目的实施同时,支持、依靠、信任监理单位的工作,从而弥补了监理机构自身的不足,获得了理想的监管效果。应该承认,这是一种绝无仅有的符合中国国情的最佳选择方式,是国家重点工程建设对建设监理理论体系建设和发展的有益探索与创新。可以说,也是南水北调工程建设对我国建设监理理论体系建设的贡献。

7. 长江三峡工程实施工程监理有哪些方面值得借鉴?

答:中国长江三峡工程开发总公司为长江三峡工程的项目法人。三峡工程项目建设采用经济的而不是行政的办法组织工程建设,即全面实行"项目法人负责制、招标投标制、工程监理制和合同管理制"。三峡工程建设实行全过程全方位监理的做法、制定工程监理程序和实施细则的做法、在业主单位统一组织和指导下按工程项目设置的由多个监理单位组成的监理组织体系的做法,以及对监理人员实行考核定职上岗的做法等,都值得借鉴。

8. 长江三峡工程建设监理的总体指导思想是什么?

答:由项目法人确定的长江三峡工程建设监理的总体指导思想是:必须在遵循国家有关法令的前提下,紧密结合国情和三峡工程实际规划组织三峡工程监理;必须在我国工程建设监理,特别是水电工程监理已经取得的经验和成果,已经达到的水平及已有监理力量的基础上,高起点、高标准、严要求地开展三峡工程的各项监理工作。

项目法人明确界定三峡工程监理是工程建设实施阶段的全面监理。实施阶段是从合同工程项目招标发包和实施准备起,直到工程施工和工程项目竣工验收的整个过程。全面是指监理工作的主要内容基本涵盖或涉及工程质量、进度、造价控制的合同管理、组织协调等各个方面的工作。

9. 长江三峡工程监理单位与业主的职责是如何划分的?

答:业主主要负责工程建设实施的总体规划、决策、组织、协调和总体控制,以保证三峡工程项目按国家要求的质量、工期、投资目标全面完成;各监理单位的主要职责是:在业主的委托与授权范围内,依照合同对所监理工程项目的建设施工进行"独立、自主、公正"的监理,以保证工程项目按合同目标全面实施。相应于上述职责划分,业主与监理单位的基本关系是委托与被委托的合同关系,总体上监理单位要接受业主的统一组织和协调。为保证监理工作质量,业主有权依照委托监理合同的规定对监理单位的工作进行检查、监督、考核与奖罚。

10. 长江三峡工程建设监理"三控制"工作的总原则是什么?

答:长江三峡工程建设监理"三控制"工作的总原则是:以工程质量控制为前提和基础,对工程质量、进度、造价进行全过程动态控制;以预控(事前控制)为前提和基础,加强对工程质量、进度、造价的过程控制。在"三控制"工作中,决不把监理的质量控制与其他控制工作简单并列,也不把质量控制与其他控制工作相对立和相割裂,而是把"三控制"工作有机地、紧密地统一结合为一个总体目标。

11. 长江三峡工程建设监理单位在质量控制中主要采取了哪些措施?

答:长江三峡工程建设监理单位在质量控制中主要采取了以下措施:

(1)重视并检查督促施工单位建立和完善自身的质量体系,促使其发挥正常作用,这是保证施工质量的基础。因此,监理单位检查督促施工单位增强质量意识,落实施工质量责任制,严格质量管理,规范施工行为,严格依照合同要求、规范规程和工程设计施工,这是关系到三峡工程建设成败的关键。

(2)重视并做好各项质量控制的预防工作,包括施工组织设计和施工技术方案的审查、各项施工准备工作的监督与检查、设计图与文件的审查,重视施工技术方案的研究,以及对施工风险和质量风险的预测分析等。

(3)在督促施工单位做好质量自检的前提下,充分运用监理的质量检查签证控制手段,对用于工程的原材料和工厂设备进行质量检查认证;对工程项目的施工质量按工序、按单元工程进行逐层次(单元工程、分部分项工程、单位工程等)、逐项目的质量检查签证和质量评定。

(4)重视并加强试验检测的监理工作。监理单位配置试验专业人员,对施工单位的试验室、试验人员、试验检测仪器设备进行定期检查;对试验方法、试验结果进行分析,检验其合理性、可靠性和真实性。同时,监理单位也应具备与其监理资质相适应的试验检测手段与设备,以便顺利进行相对独立的监督和复核试验检测工作。

(5)重视并加强质量控制的现场监理工作。监理人员采取旁站、巡视和平行检验等形式,按施工程序及时跟班到位进行监督检查。此外,现场监理人员具有及时预见、及时发现、及时果断处置施工质量问题和正确使用监理质量否决权的能力。监理单位对各级现场监理人员予以相应的授权,即现场处置权。

12. 长江三峡工程建设监理单位对进度控制主要采取了哪些措施?

答:长江三峡工程监理的进度控制目标是合同工期,监理单位的主要职责是采取有效措施协助业主对工程进度实施动态控制,

以保证合同工期目标的全面实现。为此,监理单位主要采取以下控制措施:

(1)重视并加强施工进度计划的监理。监理单位依据合同、工程设计和业主有关三峡工程进度的规划安排,编制本监理工程项目的控制性进度计划,明确进度控制的关键路线、关键项目及其控制性工期。对施工单位提交的实施性进度计划进行审核确认,经监理审查批准和业主同意的该项目计划必须满足合同工期要求、措施落实、技术可行、质量有保证。监理进度计划管理工作中的计划编制、审批、调整工作,既包括总体的,也包括时段性的(年、季、月)和专项性的。

(2)加强并强化进度计划执行中的监督管理。三峡工程的项目多、施工强度大、工期极为紧迫,而各项目间联系紧密,工期调整余地很小,必须保证项目计划进度目标的按期实现。为此,监理单位对进度控制实施细化管理,督促指导施工单位对批准的实施性进度计划目标按工程项目的构成和按年、季、月、周(或旬)统计分析,按月总结分析调整。

(3)重视并加强施工进度的记录、信息收集、统计、分析预测和进度报告工作。各监理单位建立完善的记录制度并认真执行;及时做好进度信息的收集与统计工作,并在此基础上定期开展进度分析与预测,提出相应的措施;按时向业主单位提交内容与形式符合统一要求的日报、周报、月报和其他专项报告,以利于业主单位对工程总进度的分析与控制工作,同时建立与业主单位相统一的计算机信息网络系统。

(4)正确使用监理的工期确认权,及时对合同工期进行核定确认。三峡工程为长达17年的工程项目,由于各种复杂的主客观因素的影响,以及合同双方的各种原因,阶段性的合同工期目标发生变动,甚至影响到合同总工期目标的情况在所难免。为此,监理单位在合同执行中,对合同工期进行及时的统计分析、核定和确认,并公止地分清造成合同工期变动的责任。

13. 长江三峡工程建设监理单位为造价控制履行了哪些职责?

答:长江三峡工程建设监理单位造价控制的主要职责是依照业主委托做好以下工作:

(1)做好工程计量与支付的审核签证工作,以及合同变更、设计变更等工程变更的审核工作,并提出公正的处理意见。其中,工程量是工程造价控制的基础。对此,监理单位首先做到合同工程总量的控制,组织合同双方依据合同和工程设计对工程的初始地形地貌进行测量,对合同工程量予以核实和共同确认。在合同实施过程中,对工程总量予以严格控制,任何涉及工程总量变动的工程量变更都必须是有设计依据和合同双方共同确认的。在对工程总量控制的前提下,监理单位对工程量展开时段性的计量审核与分析工作,即对工程量进行分阶段控制,避免超前支付。为提高工程计量审核工作的正确性、可靠性,监理单位在加强工程测量现场监理工作的同时,还进行一定数量的外业抽检工作和实施平行检测。

(2)加强合同费用的分析预测工作。监理单位定期展开已完工程量与合同总工程量和工程形象的对比分析、已完工程量与支付工程价款的对比分析、剩余工程量及其工程价款与剩余合同费用的对比分析等合同费用的分析工作,并对合同费用的执行进行预测和提出相应的控制措施。

(3)加强索赔的监理工作。索赔是合同管理中的常见现象,是各方合同意识增强、合同管理成熟的表现。监理单位检查监督业主按期履行合同规定的职责与义务,以减少和避免索赔;同时,监理单位还根据合同规定和既定程序,规范、公正、独立地处理索赔,加强监理记录,为索赔处理提供可靠依据。

14. 黄河小浪底工程建设监理单位是如何检查施工准备工作的?

答:黄河小浪底工程监理单位检查施工准备工作,主要包括以下内容:

(1)检查下列各项能否满足保证施工质量的要求:附属工程、大型临时设施;防冻与降温措施;主要施工设备与机具;劳动组织技术水平。

(2)检查所用的材料是否满足设计要求,是否有出厂合格证,检查现场取样检验报告和材料品种、性能。

(3)检查材料储备情况。

(4)检查试验人员和设备能否满足施工质量测试、控制和鉴定的需要。

(5)检查测量人员和设备能否满足施工需要,检查施工测量定位放线用的控制网点是否达到设计精度要求。

15. 黄河小浪底工程质量检查和验收管理主要包括哪些内容?

答:工程质量检查和验收是合同管理的重要任务之一,黄河小浪底工程质量检查和验收以合同文件、技术规范、设计文件为依据。工程质量检查是从原材料到工艺对施工活动的全过程进行有效的监督和控制,验收工作则分为隐蔽工程验收、阶段或单项工程验收、竣工验收与最终验收。

16. 黄河小浪底工程质量管理有哪些基本程序?

答:黄河小浪底工程质量管理的基本程序包括以下内容:

(1)要求并督促承包商建立健全质量控制系统,推行全面质量管理,为保证质量奠定基础。

(2)驻地监理工程师负责组织审查承包商提交的施工方法、施工质量控制措施、采用的原材料和工艺试验成果等。

施工方法的审查是工程开工前质量控制的主要内容,承包商所采用的施工方法应能满足合同中关于工程进度要求和保证工程质量符合规定的标准。承包商在呈报施工方法的同时,必须按技术规范和图样要求报告原材料性能和质量证明、原材料检验成果、工艺试验(包括爆破试验、各种灌浆试验、各种材料的碾压试验、混凝土配合比试验等)结果,未经驻地监理工程师批准不得开工。对承包商试验室的设备、各种试验程序与结果也进行全面检查。

(3)施工现场工程质量监督检查。现场监理工程师、高级监理员、监理员在施工全过程中进行不间断的监督和检查。对于违反技术规范、影响工程质量的施工活动,监理人员及时给予劝阻或制止。制止无效时,发出现场违规通知或由驻地监理工程师发出停工指令。对因违规而发生的质量事故进行调查、分析,记录事故情况,并指令其返工,监督事故处理。对工程质量事故进行现场拍照,所拍照片注明日期、部位及必要的文字说明,由监理处存档备查。

在施工过程中,承包商依据合同文件、技术规范和设计文件对每道工序认真进行自检,自检合格后填写工程质量自检单,报送现场监理工程师,方可进行下一道工序施工。如现场监理工程师或监理员认为必要时,可利用承包商的试验室进行现场抽检,检查合格后,现场监理工程师签发工程质量合格单,进行下一道工序施工;反之,则令承包商返工,经处理后再经现场监理工程师检查,合格后签发工序准予复工通知单,才能进行下一道工序施工。如现场监理工程师认为必要时,也可抽查承包商已覆盖的工程质量,承包商不得阻碍,必须提供抽查条件。如抽查不合格,应按工程质量事故处理,返工合格后,方可继续施工。对于违反合同规定,未经现场监理工程师或监理员检查,强行覆盖的,作为严重违规处理,不予认可。

(4)现场试验抽查。现场监理工程师或监理员利用试验室对承包商所采用的原材料、砂浆配合比、混凝土配合比等以及混凝土坍落度、混凝土抗压强度、坝体填料的各种力学指标进行复核和现场抽查,抽查数量控制在试验总数的 10% 左右。

17. 黄河小浪底工程验收有哪几种形式?

答:黄河小浪底工程验收分为中间验收、竣工验收和最终验收三个阶段,中间验收又包括隐蔽工程验收、阶段验收和单项工程验收三种形式。

18. 黄河小浪底工程是如何组织隐蔽工程验收的?

答:隐蔽工程验收是指基础开挖或地下建筑物开挖完毕后尚未覆盖以前进行的验收。黄河小浪底工程验收工作是承包商在自检基础上,填写承包商验收申请表和验收证书,并附有关图样和技术资料。现场监理工程师收到验收申请后即先行组织测量人员进行复测,地质人员进行地质素描和编录,然后由主管该项目的现场监理工程师主持,组织设计、地质、测量、试验和运行管理等人员参加验收。经检查鉴定,如无异议即在验收证书上签字,如有遗留问题,必须处理合格后方可覆盖。

19. 黄河小浪底工程是如何组织阶段验收的?

答:阶段验收是指工程进行到一定的关键阶段(如截流、蓄水、发电等)所进行的验收。黄河小浪底工程阶段验收的程序是:当承包商按合同文件规定的各阶段项目已确定完成后,在自检的基础上,报送承包商验收申请表和验收证书。驻地监理工程师组织有关人员先行对已完工程进行全面检查,并核对承包商提供的有关验收资料。经检查与修改后,由总监理工程师组织业主代表、驻地和现场监理工程师,设计、地质、测量、试验有关处室和运行管理人员参加,必要时可邀请上级主管部门派人参加,也可聘请有关方面专家参加验收。对工程质量和工程运行可靠性(工程度汛标准,建筑物的坚固性、稳定性、防渗性)作出明确的结论。对不影响工程投入临时运行的遗留问题,以及需要修整、改善或返工的部分提出处理意见,并限期处理完毕。通过驻地监理工程师再次验收后,经小浪底水利枢纽建设管理局局长批准,由总监理工程师和局长依次签发阶段验收证书。

20. 黄河小浪底工程是如何组织单项工程验收的?

答:单项工程验收是指在建设工程中某单项工程(如导流建筑物、泄洪建筑物、电站系统、灌溉系统建筑物等)已完工并具备了投入运用条件时进行的验收。黄河小浪底工程单项工程验收的程序、方法、参加人员以及承包商应准备的文件和资料等均同阶段验收。

21. 黄河小浪底工程是如何组织竣工验收的?

答:竣工验收是指合同文件规定的全部工程完工,具备了投产、运用条件,可以正式办理工程移交手续的验收。黄河小浪底工程竣工验收的程序是:当承包商按合同文件规定的建设项目已经全部完工,中间验收所提出的遗留工程问题和临时运行期内产生的问题已经处理完毕,可提出竣工验收申请。驻地监理工程师接到承包商的书面竣工验收申请后的21天内,组织有关人员先行对工程进行全面检查,并核对承包商提供的有关验收资料。经检查与修改后,由总监理工程师组织业主代表、驻地监理工程师、现场监理工程师,设计、地质、试验、测量及有关处室和运行管理人员参加竣工验收,同时邀请上级主管部门派人参加,并聘请有关方面专家参加验收工作。对工程质量与工程运用可靠性(对水下建筑物与永久设备的安全标准、坚固性、稳定性、防渗性)作出明确的结论。对不影响工程投入运用的遗留问题,以及需要修整、改善或返工的部分提出处理意见,并限期处理完成。对不影响工程竣工验收,可以在工程缺陷责任期内完成的任何剩余工作,在得到承包商继续完成的书面保证后,由驻地监理工程师草拟工程竣工证书报总监理工程师,经小浪底水利枢纽建设管理局局长批准后,由总监理工程师和局长依次签发工程竣工证书。合同进入工程缺陷责任期(工程维护期)。

22. 黄河小浪底工程是如何组织最终验收的?

答:最终验收是指遗留工程和工程缺陷处理完成后,合同工程缺陷责任期(工程维护期)期满前的验收。黄河小浪底工程最终验收的程序是:在工程缺陷责任期间,驻地监理工程师或现场监理工程师组织设计和运行管理等有关人员,对遗留工程和工程缺陷处理逐项进行检查和验收,直到监理工程师对工程满意为止。对新发现的工程问题也由承包商认真处理,每项验收之后给承包商签发验收证书。当承包商把遗留工程和工程缺陷处理完成后,工程缺陷责任期期满,承包商提出最终验收申请。驻地监理工程师组织设计和运行管理等有关人员对工程进行全面的检查,核实承包商提交的工程技术资料和验收证明文件,其结果令驻地监理工程师满意时,报总监理工程师,经小浪底水利枢纽建设管理局局长批准后,由总监理工程师和局长签发工程缺陷责任凭证,最终验收结束。

第六章 建设监理相关法规、合同管理

1. 建设监理为何要立法？

答：建设监理的经济法规关系，实质上是委托协作性的经济法律关系的统一。所谓委托，就是一种契约关系，即建设单位委托监理单位对其投资建设的工程进行监理，具体来讲，就是业主委托监理工程师去监督承包商执行其与业主形成的契约。这是一种复杂的委托关系，在这种关系的建立和延续乃至终止的过程中，由于各个主体之间的经济利益不同，往往可能出现违反契约的事情，这样就需要有一种公正的关系来保证协调、仲裁这种违约行为。这种关系在初期以人们形成的一种约定的形式出现，随着时间的推移，渐渐成为一种规范习惯，最后演变为法。而政府对工程建设的监督管理则属于国家机器社会管理职能的范畴，作为政府的管理部门，为了维护建设秩序乃至整个社会秩序，必须对属于社会活动的建设行为进行有效的监督管理。具体来说，就是需要对建设单位和承包单位的行为进行管理，同时也需要对承担监理工程师角色的人员进行资质认证和注册管理，制定有关法律。若无法可依，则建设活动中的各种契约委托关系将出现一片混乱，各种关系难以正常维持，建设活动必将受到影响。正是依靠法律的保证，才使建设监理制度日趋完善。

2. 我国建设监理法规体系的主导思想是什么？

答：我国建设监理法规体系的主导思想是：

（1）结合国情，从全局考虑。建设监理法规体系必须服从国家法律体系及建设法律体系要求，适应现行立法体制及工作实际，特别要注意明确建设监理法规体系的地位和作用。

（2）建立一个完善的系统。建设监理法规只有做到尽量覆盖建设监理全部工作，才能成为体系，它应当全面体现完善性、科学性、系统性，使每一项工作有法可依。

（3）多层次相互协调。建设监理每个层次的立法都要有特定的立法目的和调整内容，尤其要注意避免重复交叉和矛盾，总的原则是：下一层次的法规要服从上一层次的法规，所有法规都要服从国家法律，不能有所抵触。

（4）注意借鉴国际立法经验，在结合国情的基础上，尽量向国际标准靠拢。

我国建设监理法规体系由三个层次构成。第一层次是建设法律，这是由全国人民代表大会及其常务委员会制定的建设方面的有关法律，其他层次的建设监理法规均据此制定，不得与之相抵触。第二层次是建设监理行政法规，这是由国务院发布的建设监理方面的行政法规。第三层次是部门建设监理规章和地方建设监理法规，目前我国建设监理立法工作主要是在这个层次上展开的。随着我国建设监理工作的发展，立法的层次必将逐步提高。

3.《中华人民共和国建筑法》对建筑工程监理有哪些具体规定？

答：《中华人民共和国建筑法》对建筑工程监理的具体规定如下：

（1）国家推行建筑工程监理制度。国务院可以规定实行强制监理的建筑工程范围。

（2）实行监理的建筑工程，由建设单位委托具有相应资质条件的工程监理单位监理。建设单位与其委托的工程监理单位应当订立书面委托监理合同。

（3）建筑工程监理应当依照法律、行政法规及有关的技术标准、设计文件和建筑工程承包合同,对承包单位在施工质量、建设工期和建设资金使用等方面,代表建设单位实施监督。

工程监理人员认为工程施工不符合工程设计要求、施工技术标准和合同约定的,有权要求建筑施工企业改正。

工程监理人员发现工程设计不符合建筑工程质量标准或者合同约定的质量要求的,应当报告建设单位要求设计单位改正。

(4)实施建筑工程监理前,建设单位应当将委托的工程监理单位、监理的内容及监理权限,书面通知被监理的建筑施工企业。

(5)工程监理单位应当在其资质等级许可的监理范围内,承担工程监理业务。

工程监理单位应当根据建设单位的委托,客观、公正地执行监理任务。

工程监理单位与被监理工程的承包单位以及建筑材料、建筑构配件和设备供应单位不得有隶属关系或者其他利害关系。

(6)工程监理单位不按照委托监理合同的约定履行监理义务,对应当监督检查的项目不检查或者不按照规定检查,给建设单位造成损失的,应当承担相应的赔偿责任。

工程监理单位与承包单位串通,为承包单位谋取非法利益,给建设单位造成损失的,应当与承包单位一起承担连带赔偿责任。

4.我国对建设监理单位和个人有哪些重要罚则?

答:建设部和国家计委制定的《工程建设监理规定》第七章"罚则"第三十条规定:监理单位违反规定,有下列行为之一的,由人民政府建设行政主管部门给予警告、通报批评、责令停业整顿,降低资质等级、吊销资质证书的处罚,并可处以罚款:①未经批准而擅自开业;②超出批准的业务范围从事工程建设监理活动;③转让监理业务;④故意损害项目法人、承包商利益;⑤因工作失误造成重大事故。

第三十一条规定:监理工程师违反本规定,有下列行为之一的,由人民政府建设行政主管部门没收非法所得,收缴监理工程师岗位证书,并可处以罚款:①假借监理工程师的名义从事监理工作;②出卖、出借、转让、涂改监理工作岗位证书;③在影响公正执行监理业务的单位兼职。

5.《建设工程质量管理条例》关于工程监理单位的质量责任和义务有哪些具体规定?

答:《建设工程质量管理条例》第五章"工程监理单位的质量责任和义务"有以下具体规定:

(1)工程监理单位应当依法取得相应等级的资质证书,并在其资质等级许可的范围内承担工程监理业务。禁止工程监理单位超越本单位资质等级许可的范围或者以其他工程监理单位的名义承担工程监理业务。禁止工程监理单位允许其他单位或者个人以本单位的名义承担工程监理业务。

工程监理单位不得转让工程监理业务。

(2)工程监理单位与被监理工程的施工承包单位以及建筑材料、建筑构配件和设备供应单位有隶属关系或者其他利害关系的,不得承担该项建设工程的监理业务。

(3)工程监理单位应当依照法律、法规以及有关技术标准、设计文件和建设工程承包合同,代表建设单位对施工质量实施监理,并对施工质量承担监理责任。

(4)工程监理单位应当选派具备相应资格的总监理工程师和监理工程师进驻施工现场。

未经监理工程师签字,建筑材料、建筑构配件和设备不得在工程上使用或者安装,施工单位不得进行下一道工序的施工。未经总监理工程师签字,建设单位不拨付工程款,不进行竣工验收。

(5)监理工程师应当按照工程监理规范的要求,采取旁站、巡视和平行检验等形式,对建设工程实施监理。

6. 什么是"强制性条文"?

答:"强制性条文"是工程建设现行国家和行业标准中直接涉及人民生命财产安全、人身健康、环境保护和公共利益的条文,同时考虑了提高经济效益和社会效益等方面的要求。"强制性条文"是参与建设活动各方执行工程建设强制性标准和政府对执行情况实施监督的依据。列入"强制性条文"的所有条文都必须严格执行。"强制性条文"自 2003 年 1 月 1 日起施行。

7. 设立监理单位应具备哪些基本条件?

答:设立监理单位应具备的基本条件如下:

(1)有自己的名称和固定的办公场所。

(2)有自己的组织机构,如领导机构、财务机构、技术机构等。有一定数量的专门从事监理工作的工程经济、技术人员,而且专业基本配套,技术人员数量和职称符合要求。

(3)有符合国家规定的注册资金。

(4)拟订有监理单位的章程。

(5)有主管单位同意设立监理单位的批准文件。

(6)拟从事监理工作人员中,有一定数量的人已取得国家建设行政主管部门颁发的监理工程师资格证书,并有一定数量的人取得了监理培训结业合格证书。

8. 设立监理单位应准备上报哪些材料?

答:设立监理单位应准备上报的材料有:

(1)设立监理单位的申请报告。

(2)设立监理单位的可行性研究报告。

(3)有主管单位时,主管单位同意设立监理单位的批准文件。

（4）拟订的监理单位组织机构方案和主要负责人的人选名单。

（5）监理单位章程（草案）。

（6）已有的、拟从事监理工作的人员一览表及有关证件。

（7）已有的、拟用于监理工作的机构、设备一览表。

（8）开户银行出具的资金证明。

（9）办公场所所有权或使用权的房产证明。

9. 我国监理单位资质等级是如何划分的?

答:按照我国现行规定,监理单位的资质分为甲级、乙级和丙级三个等级。各级监理单位的资质必须满足国家规定的相应条件。

10. 什么是建设工程委托监理合同?

答:建设工程委托监理合同简称监理合同,是指委托人与监理人就委托的工程项目管理内容签订的明确双方权利、义务的协议。监理合同是委托合同的一种,除具有委托合同的共同特点外,还具有以下特点:

（1）监理合同的当事人双方应当是具有民事权利能力和民事行为能力、取得法人资格的企事业单位或其他社会组织,个人在法律允许的范围内也可以成为合同当事人。

（2）监理合同委托的工作内容必须符合工程项目建设程序,遵守有关法律、行政法规。

（3）委托监理合同的标的是服务,是监理工程师凭借自己的知识、经验、技能,受业主的委托,为其所签订的其他合同的履行实施监督和管理。

11.《建设工程委托监理合同(示范文本)》的主要内容是什么?

答:《建设工程委托监理合同(示范文本)》由"工程建设委托

监理合同"(简称合同)、"建设工程委托监理合同标准条件"(简称标准条件)、"建设工程委托监理合同专用条件"(简称专用条件)组成。

(1)合同是一个总的协议,是纲领性文件。

主要内容是当事人双方确认的委托监理工程的概况(工程名称、地点、规模及总投资),合同签订、生效、完成的时间,双方愿意履行约定的各项义务的承诺,以及合同文件的组成。

(2)监理合同除合同外,还应包括:①监理投标书或中标通知书;②标准条件;③专用条件;④在实施过程中双方共同签署的补充与修正文件。

合同是一份标准的格式文件,当事人双方在有限时间内填写具体规定内容并签字盖章后,即发生法律效力。

12.什么是建设工程委托监理合同标准条件?

答:建设工程委托监理合同标准条件的内容涵盖了合同所有词语定义、适用范围和法规,签约双方的权利、义务和责任,合同生效、变更与终止条件,监理报酬,争议解决以及其他条款。它是监理合同的通用文本,适用于各类工程建设监理委托,是所有签约工程都应遵守的基本条件。

13.什么是建设工程委托监理合同专用条件?

答:由于建设工程委托监理合同标准条件适用于所有的工程建设监理委托,因此其中的某些条款规定得比较原则,还需要签订具体工程项目的监理委托合同,就地域特点、专业特点和委托监理项目的特点,对标准条件中的某些条款进行补充、修正。如对委托监理的工作内容而言,认为标准条件中的条款还不够全面,允许在建设工程委托监理合同专用条件中增加双方议定的条款内容。

所谓"补充",是指标准条件中的某些条款明确规定,在该条款确定的原则下,在专用条件的条款中进一步明确具体内容,使两个条件中相同序号的条款共同组成一条内容完备的条款。如标准条件中规定"监理合同适用的法律是国家法律、行政法规,以及专用条件中议定的部门规章或工作所在地的地方法规、地方规章"。这就要求在专用条件的相同序号条款内写入应遵循的行政规章和地方法规的名称,作为双方都必须遵守的条件。

所谓"修改",是指对标准条件中规定的程序方面的内容,如果双方认为不合适,可以协议修改。如标准条件中规定"委托人对监理人提交的支付通知书中酬金或部分酬金项目提出异议,应在收到支付通知书 24 小时内向监理人发出异议的通知"。如果委托人认为这个时间太短,在与监理人协商达成一致意见后,可以在专用条件的相同序号条款内延长时效。

14. 建设工程委托监理合同对委托人的权利有哪些规定?

答:建设工程委托监理合同对委托人的权利有以下规定:

(1)授予监理人权限的权利。监理合同要求监理人对委托人与第三方签订的各种承包合同的履行实行监理,监理人在委托人授权范围内对其他合同进行监督管理,因此在监理合同内除需明确委托的监理任务外,还应规定监理人的权限。在委托人授权范围内,监理人可对所监理的合同自主地采取各种措施进行监督、管理和协调,如果超越权限,应首先征得委托人同意后方可发布有关指令。

(2)对其他合同承包人的选定权。委托人是建设资金的持有者和建筑产品的所有人,因此对设计合同、施工合同、加工制造合同等的承包人有选定权和订立合同的签订权。监理人在选定其他合同承包人过程中仅有建议权,而无决定权。

(3)委托监理工程重大事项的决定权。委托人有对工程规模、规划设计、生产工艺设计、设计标准和使用功能等要求的认定权,以及工程设计变更审批权。

（4）对监理人履行合同的监督控制权。

15. 委托人对监理人履行合同的监督权利有哪些具体内容？

答：委托人对监理人履行合同的监督权利体现在以下三个方面：

（1）对监理合同转让和分包的监督。除支付款的转让外，监理人不得将所涉及的利益或规定义务转让给第三方。监理人所选择的监理工作分包单位，必须事先征得委托人的认可。在没有取得委托人的书面同意前，监理人不得开始实施、更改或终止全部或部分服务的任何分包合同。

（2）对监理人员的控制监督。合同专用条件或监理人的投标书内，应明确总监理工程师人选、监理机构派驻人员计划。当监理人调换总监理工程师时，须经委托人同意。

（3）对合同履行的监督权。监理人有义务按期提交月、季、年度监理报告，委托人也可以随时要求其对重大问题提交专项报告，这些内容应在专用条件中明确规定。委托人按照合同约定检查监理工作的执行情况，如果发现监理人员不按监理合同履行职责或与承包人串通，给委托人或工程造成损失，有权要求监理人更换监理人员，直到终止合同，并承担相应赔偿责任。

16. 建设工程委托监理合同对监理人的权利有何规定？

答：建设工程委托监理合同中赋予监理人的权利有：

（1）完成监理任务后获得酬金的权利。监理人不仅可获得完成合同内规定的正常监理任务的酬金，如果在合同履行过程中因主、客观条件的变化需要完成附加与额外工作，则完成附加与额外工作后，也有权按照专用条件中约定的计算方法，得到额外工作的酬金。正常酬金的支付程序和金额，以及附加与额外工作酬金的计算方法，应在专用条件内写明。

(2)获得奖励的权利。监理人在工作过程中做出显著成绩，如由于监理人提出的合理化建议，委托人获得实际经济利益，则应按照合同中规定的奖励办法，得到委托人给予的适当物质奖励。奖励办法通常参照国家颁布的合理化建议奖励办法，在专用条件相应的条款内写明。

(3)终止合同的权利。如果由于委托人违约，严重拖欠应付监理人的酬金，或由于非监理人责任而使监理暂停的期限超过半年，监理人可按照终止合同规定程序，单方面提出终止合同，以保护自己的合法权益。

(4)监理人执行监理业务可以行使的权利。

17. 监理人在监理委托人和第三方签订承包合同时可行使哪些权利？

答：监理人在监理委托人和第三方签订承包合同时可行使以下权利：

(1)建设工程有关事项和工程设计的建议权。建设工程有关事项包括工程规模、设计标准、生产工艺设计和使用功能要求。在设计标准和使用功能等方面，向委托人和设计单位的建议权。工程设计的建议权是指按照安全和优化方面的要求，就某些技术问题自主向设计单位提出建议。但如果由于提出的建议提高了工程造价，或延长了工期，应事先征得委托人的同意。如果发现工程设计不符合建设工程质量标准或约定的要求，应当报告委托人要求设计单位更改，并向委托人提出书面报告。

(2)对实施项目的质量、工期和费用的监督控制权。主要表现为：对承包人拟订的工程施工组织设计和技术方案，按照保质量、保工期和降低成本的要求，自主进行审批和向承包人提出建议；征得委托人同意，发布开工令、停工令、复工令；对工程上使用的材料和施工质量进行检验；对施工进度进行检查、监督，未经监理工程师签认,建筑材料、建筑构配件和设备不得在工程上使用,施工单位不得进行下一道工序的施工;工程竣工日期提前或延误期限的鉴定;在工程承包合同确定的工程范围内,工程款支付的审核和签认权,以及结算工程款的复核确认与否定权。未经监理人签认,委托人不支付工程款,不进行竣工验收。

（3）工程建设有关协作单位组织协调的主持权。

（4）在业务紧急情况下,为了工程和人身安全,尽管变更指令已超越了委托人授权而又不能事先得到批准时,也有权发布变更指令,但应尽快通知委托人。

（5）审核承包人索赔的权利。

18. 建设工程委托监理合同对委托人的义务有哪些规定?

答:按建设工程委托监理合同规定,委托人的义务有:

（1）委托人应负责建设工程的所有外部关系的协调工作,为监理人开展监理工作提供所需的外部条件。

（2）做好与监理人的协调工作。委托人要授权一位熟悉建设工程情况、在规定时间内作出决定的常驻代表,负责与监理人联系。更换常驻代表,要提前通知监理人。

（3）为了不耽搁服务,委托人应在合理的时间内就监理人以书面形式提交并要求作出决定的一切事宜作出书面决定。

（4）为监理人顺利履行合同义务,做好协助工作。协助工作包括以下几方面的内容:

①将授予监理人的监理权利,以及监理机构主要成员的职能分工、监理权限及时书面通知已选定的第三方,并在与第三方签订的合同中予以明确;

②在双方议定的时间内,免费向监理人提供与工程有关的开展监理服务所需要的工程资料;

③为监理人驻工地监理机构开展正常工作提供协助服务。

19. 建设工程委托监理合同对监理人的义务有何规定？

答：按建设工程委托监理合同规定，监理人的义务有：

（1）监理人在履行合同义务期间，应运用合理的技能认真勤奋地工作，公正地维护有关方面的合法权益。当委托人发现监理人员不按监理合同履行监理职责，或与承包人串通给委托人或工程造成损失时，委托人有权要求监理人更换监理人员，直到终止合同，并要求监理人承担相应的赔偿责任或连带赔偿责任。

（2）在合同履行期间，应按合同约定派驻足够的人员从事监理工作。开始执行监理业务前，向委托人报送派往该工程项目的总监理工程师及该项目监理机构的人员情况。在合同履行过程中，如果需要调换总监理工程师，必须首先经过委托人同意，并派出具有相应资质和能力的人员。

（3）在合同期内或合同终止后，未征得有关方同意，不得泄露与本工程、合同业务有关的保密资料。

（4）任何由委托人提供的供监理人使用的设施和物品都属于委托人的财产，监理工作完成或中止时，监理人应将设施和剩余物品归还委托人。

（5）非经委托人书面同意，监理人及其职员不应接受委托监理合同约定以外的与监理工程有关的报酬，以保证监理行为的公正性。

（6）监理人不得参与可能与合同规定的与委托人的利益相冲突的任何活动。

（7）在监理过程中，不得泄露委托人申明的秘密，亦不得泄露设计、承包等单位申明的秘密。

（8）负责合同的协调管理工作。在委托工程范围内，委托人或承包人对对方的任何意见和要求（包括索赔要求），均必须首先向监理机构提出，由监理机构研究处置意见，再同双方协商确定。当委托人和承包人发生争议时，监理机构应根据自己的职能，以独立的身份判断,公正地进行调解。当双方的争议由政府行政主管部门调解或仲裁机构仲裁时,监理机构应当提供作证的事实材料。

20. 在什么情况下,建设工程委托监理合同可以暂停或终止?

答:遇到下列情况时,建设工程委托监理合同可以暂停或终止:

(1)委托人要求暂停或终止合同。委托人如果要求监理人全部或部分暂停执行监理任务或终止监理合同,则应至少在56天前发出通知,此后监理人应立即安排停止服务,并将开支减至最小。

如果委托人认为监理人无正当理由而又未履行监理义务,可向监理人发出指明其未履行义务的通知。若委托人在21天内未得到满意答复,可以在第一个通知发出后35天内进一步发出终止监理合同的通知。

(2)监理人提出暂停或终止合同。在合同履行过程中出现监理酬金超过支付日30天委托人仍未支付,而又未对监理人提出任何书面意见,或暂停监理服务期限已超过半年时,监理人可向委托人发出通知,指出上述问题。如果14天后未得到答复,监理人可终止合同,也可自行暂停履行部分或全部服务。

合同协议的终止并不影响或损害各方应有权利、责任或索赔。

第七章　监理培训专题选粹

第一讲　写好监理日记

1　引言

监理日记是监理人员对现场施工活动最直接、最全面的监控记录,是监理机构对工程建设实施监控管理最真实的证据,属于重要的监理资料。国家标准《建设工程监理规范》(GB 50319—2000)对监理日记有以下明确规定:

(1)施工阶段的监理资料包括监理日记,总监理工程师应"主持整理工程项目的监理资料"。

(2)专业监理工程师应"根据本专业监理工作实施情况做好监理日记","专业监理工程师的监理日记应记录当日主要的施工和监理情况"。

(3)监理员应做好监理日记和有关的监理记录;监理员的监理日记应记录当日的检查情况和发现的问题。

国家行业标准《水利工程建设项目施工监理规范》(SL 288—2003)对监理日记亦有以下相关规定:

(1)监理人员应及时认真地按照规定格式填写监理日志(记)。总监理工程师应定期检查。

(2)总监理工程师应指定专人负责填写项目的监理日志(记)。另外,每位现场监理人员应有个人的监理日记。

（3）监理工程师收集、汇总、整理监理资料，参与编写监理月报、填写监理日志（记）。

可见，写好监理日记是监理人员监理行为规范化的具体体现。

2 监理日记的重要意义

经过业内专家、同行多年来的不断实践与交流，有关监理日记的重要性业已基本形成共识，归纳起来大致有以下几个方面：

（1）监理日记是项目监理人员对施工活动最全面的监控记录。项目总监理工程师的监理日记或大事记记录项目监理部及业主和施工组织的重要活动；专业监理工程师的监理日记记录本专业对工程施工的监控内容；监理员的监理日记记录对施工现场第一线监控活动的内容。这样的层次与格局形成由上而下、由粗到细的监理活动记录网络系统，综合成一套详尽的覆盖工程全貌的反映监理活动的最全面的记录资料档案。这一作用，是其他监理活动的指导性文件所不具备的。

（2）监理日记是工程项目参建各方化解争议，达成共识的重要依据。由于监理日记是项目监理活动最真实的记录，而在"三控、两管、一协调"的监控活动过程中，因为所处地位的差异和视角的不同，业主与承包人之间往往会对工程质量、进度、费用索赔等问题产生争议、异议或争端，这时必然要追溯监理活动记录，以求得依据和证明。而此时，总监理工程师、专业监理工程师和监理员的监理日记，因为是监理活动最重要和最原始的一线记录，故能有效地提供不可缺少的判证线索或佐证，以利于化解矛盾，达成共识，促进工程顺利进行。

（3）监理日记是反映项目监理机构工作水平的平台或窗口。通过监理日记可以衡量项目监理部监理人员技术素质和业务水平，同时监理日记也可以反映出监理单位的整体管理水平和履职的诚信度。例如，在施工过程中出现问题时，分析是否科学合理，判断是否准确无误,处理是否公正得当,效果是否圆满良好,只要监理日记客观公正、如实记载,便可从中找到解决问题的线索、依据或答案,使问题得到公平合理的解决。此外,作为业主,一般都希望看到一份内容翔实、条理清晰、真实反映工程建设实况的监理日记。一份编写规范理想的监理日记,可以加强业主和监理之间的信任与沟通,增加业主对监理机构的理解与支持,为监理单位积累社会诚信资源。

(4)监理日记特别是一线监理员的日记是对承包人施工活动监控的客观记录。它可以反映出承包人的技术水平、管理水平以及依法执业、信守合同的信誉度。因此,监理日记特别是监理员在施工现场的监理日记又可作为对承包人的合理评价及以后项目建设中为主管部门提供择优选择承包人的重要参考依据。

正因为上述原因,监理日记不仅是建设监理规范明确要求做好的监理资料之一,也是建设主管部门对监理单位资质管理审查、项目考查评比的主要内容之一。因此,监理机构必须高度重视监理日记的编写和管理工作,规范监理日记的编写和加强监理日记的检查管理,确保监理行为的规范化和科学性。

3 目前监理日记存在的主要通病

(1)监理日记记录内容不全面、不完整,不能反映对工程建设监理活动的全貌。

有的项目监理部只有现场监理员的监理日记,总监理工程师、专业监理工程师都不做监理日记。监理员的监理日记也多是内容简单,只记录施工活动,形同流水账,把一天的施工活动、监理活动不分主次大小全部罗列出来,而对与施工活动有关的材料质量检测情况、施工机械操作运行情况以及安全生产、施工环境等方面的情况均未记录。如工地浇筑混凝土,从监理日记中找不到对预拌混凝土的监控资料,甚至混凝土的浇筑部位、设计标准和坍落度的检测资料也一概缺失,监理日记没有形成覆盖工程施工全过程监控活动的记录网络。

(2)语言不规范,记录事件过程不系统、不闭合,缺少互证和因果关系,不便于查改、追溯。

有的监理日记错字连篇,字体潦草,非专业用词多。例如"上午9时打(浇筑)混凝土","下午检查基础梁钢筋没事(合格)"。至于混凝土浇筑过程中施工工艺、操作规程以及模板钢筋量测记录是否满足规范要求均无记载。

另外,有的监理日记对工程质量缺陷处理过程的描述过于简单。如"3#排架上午拆模后,发现3处局部轻度蜂窝";"进口导流墙墙后回填有橡皮土,已要求施工方处理"。至于蜂窝缺陷的具体程度及处理意见和处理结果均无记录,而对于橡皮土虽然提出要求处理意见,但无处理结果。此外,是否经过验收或合格也不得而知,留有悬念。

(3)签字不全,缺乏管理审核制度。有的项目监理部对监理日记管理松散,监理日记上只有监理员的签名,没有专业监理工程师或总监理工程师的签认。由于缺少必要的审查,监理日记不具真实性和权威性。有时,一旦遇有主管部门或专家组前来检查,则临时突击由总监理工程师补签或由别人代签的现象也屡见不鲜。

(4)监理日记记录不及时,欠账、补记。监理日记应记录当天发生的监理活动,要坚持当日日记当日完成、当日送审的良好习惯,不拖拉,不欠账。但有的监理日记是补记和追记的,容易错漏,常常张冠李戴,事实不清,失去真实性。特别是少数监理机构限于人手不足,监理日记无专人负责,监理日记时有空缺。

(5)监理日记与旁站记录混为一谈。有的监理人员以逸待劳,以监理日记替代旁站记录或以旁站记录替代监理日记的事例时有发生。例如在监理日记中出现"混凝土底板浇筑质量情况详见旁站记录",或在旁站记录中出现"渠堤填筑质量检测成果详见监理日记"等现象。

上述这些通病与规范对监理日记的要求相差甚远。

4 规范监理日记的几点建议

（1）要重视岗前培训工作。建议监理机构在安排新进人员编写施工现场监理日记之前，要有针对性地进行岗前培训。除进行施工技术等专业知识补课外，还要通过现场监理教学，使他们在事前懂得监理日记的重要性、基本内容、编写方法以及审查程序和注意事项等，以避免新手上阵，"临阵摸枪"，不知所措，仅依靠参照以往的监理日记格式依葫芦画瓢，记流水账，失去监理日记的实际意义。

（2）要根据工程实际需要，加大对监理日记的管理力度，不断完善监理日记的管理机制。项目监理部要有专人负责监理日记管理工作。制定监理日记的检查保管制度。定期由监理单位技术管理部门检查工程项目的监理日记和管理状况，以不断提高监理日记水平。监理日记的编写工作必须由具有一定实际经验的监理工程师或监理员承担。由于总监理工程师主持项目全面工作，不可能事无巨细、面面俱到地参与监理日记的编写工作，事实上既不可能，也无必要。但总监理工程师的大事记或专业监理工程师的日记一定要有专人负责，不可遗漏。这样，有了总监理工程师的大事记，专业监理工程师的日记，再加上施工现场一线监理员的监理日记，便可形成对工程建设监控的三级互证链条，从而覆盖工程施工全过程，确保工程全线处于可控状态。

（3）创造监理日记的编写条件。每日收班前，安排一定时间作为编写监理日记的专用时段，并逐渐形成制度。

（4）建立奖惩制度。对长期认真编写监理日记且内容全面、真实的监理人员予以表彰和奖励,反之则批评教育,令其改进。把能否记好监理日记纳入监理人员年度业绩考核内容。

(5)尽快使监理日记走向规范化。为了进一步提高工程监理水平,规范监理行为,尽快消除监理日记中出现的不规范现象,建议项目监理部以总监理工程师的大事记、专业监理工程师的日记和现场监理员的监理日记三种形式进行分类管理,并结合工程实际需要明确相应编写内容。

总监理工程师的大事记包括监理机构的主要工作,业主方面的相关工作,承包单位方面的相关工作,各类会议以及与项目监理部有关的其他重要事宜。

专业监理工程师的日记包括与本专业相关的进度、质量及费用控制情况以及与本专业有关的其他事宜。

现场监理员的监理日记包括对现场施工全过程、逐日连贯的监控内容。具体内容如下:

施工条件:气温、风、雨、雪以及施工用水、电、交通、通信等外部条件;

施工力量:参加现场施工的专业工种和专业管理人员到岗情况;

物资供应:到场材料、机具设备验收情况、施工方案执行情况、施工中出现的质量问题及整改情况(包括整改措施、过程跟踪及最后处理结果等);

施工进度:作业计划完成情况及滞后原因分析;

费用控制:设计变更签证的发生及计量量测记录;

现场环境:施工安全、环境保护与现场监理有关的其他事宜。

(6)制定编写监理日记的基本规则。

①监理日记不允许记录与监理工作无关的内容;

②语言简练,文字正确,使用专业词语和规范文字;

③记事条理要清楚、明晰;尤其是监理员和专业监理工程师的日记,因涉及工号多、内容广,所以要安排好记录顺序,做到有条有理;

④每一个问题记录要有现象、原因分析、处理措施、整改结果;

⑤事件记录要求完整,事件发生及处理要循环闭合,每一件事要有因有果,过程清楚;

⑥对一般问题,专业监理工程师和监理员的记录要有呼应,互为佐证;对重要问题,总监理工程师、专业监理工程师、监理员的记录要形成由上至下的记录系统,保证互证关系,最后形成三级记录的互证链条;

⑦禁止作假,更不能为了不正确的目的修改日记或"编"写日记;

⑧杜绝事后补记,养成当日日记当日完成、当日送审的良好习惯。

5 附件:实例摘录南水北调中线一期天津干线 $TJ_1 - J_2$ 标段箱涵工程 8~9 单元监理日记

监理日记

合同名称:南水北调中线一期天津干线 $TJ_1 - J_2$ 标段箱涵工程

合同编号:HBJ/TGBD/SG-01

日　　期:2010 年 8 月 24 日

天气与气象情况:上午 晴、气温28.2 ℃;下午 晴、气温28 ℃;晚上 晴、气温19.6 ℃

1. 施工部位、施工内容及施工形象	9 单元箱涵钢筋混凝土底板浇筑,8 单元底板以上中、边墙钢筋安装完毕,完成混凝土浇筑64 m³

2. 施工质量检验、安全作业情况	①检查9单元底板钢筋安装数量、规格、尺寸、间距、位置、保护层厚度及绑扎点情况,检查结果:均满足设计图纸及规范要求。②检查8单元底板混凝土养护情况,检查结果:覆盖保湿良好。③检查9单元混凝土底板浇筑质量。检查结果:施工操作符合规范要求,混凝土运输过程未有离析现象,混凝土和易性良好,坍落度控制在 5~6 cm,符合设计标准,底板表面抹压平整、无泌水现象
3. 施工作业中存在的问题及处理情况	15 时 33 分发现8、9单元底板接缝处局部平面止水橡皮发生变形,且接缝处平面止水橡皮下部混凝土振捣欠密实,经现场监理人员指出后,施工方随即对止水变形处进行修正,并对欠密实处加强二次补料、振捣,经检查合格,消除了隐患
4. 承包人管理人员、主要技术人员到位情况	项目经理:刘道德;技术负责人:李聪 终　　检:王守业;作业队长:张恒志 以上 4 人均在岗
5. 施工机械投入运行和设备完好情况	布料机、皮带输送机、拌和车以及预拌混凝土生产系统配套齐全,运行良好
6. 其他情况	无

记录人:吴斌(签字)　　　总监理工程师:王泰元(签字)

第二讲　做好旁站监理,严把工程质量关

1　引言

国家行业标准《水利工程建设项目施工监理规范》(SL 288—2003)对水利工程施工旁站监理有明确规定:

(1)旁站监理。监理机构按照监理合同约定,在施工现场对工程项目的重要部位和关键工序的施工,实施连续性的全过程检查、监督与管理。

(2)监理机构应在开工前,依据施工监理合同约定,进一步明确旁站监理的内容、程序和方法,并在施工过程中实施旁站监理。

(3)监理机构应特别注重承包人在高压、高空、高温、高寒及水下等特殊施工环境条件下施工的质量控制。

(4)监理机构应严格实施旁站监理工作,特别注重对易引起渗漏、冻融、冲刷、汽蚀等部位的质量控制。

建筑、铁路、交通等行业根据本行业的工作特点,均对本行业的旁站监理人员的职责、权力及工作要求和范围作了相应规定。

2　旁站监理的重要性

旁站监理是建设监理工作中的一项重要内容,是水利建设工程质量控制的一项重要手段。其主要作用是:通过对工程建设有关质量的一些重要问题、重要部位、关键工序和建设行为的跟踪检查和监控,及时制止和纠正不恰当的施工操作,发现问题,解决问题,有效地遏制承包人的违规行为,最终形成旁站监理记录,如实地反映工程质量信息,成为重要的工程质量可追溯文件。根据旁站监理所取得的数据和事实,决定对工程施工下一步的对策,推动

和调节后续的监理工作。

3 旁站监理的有关规定

根据水利、建筑、冶金及交通等行业的相关规定,监理机构在开展旁站监理时必须符合下列要求:

(1)监理机构在编制监理规划时,应当制订旁站监理方案,明确旁站监理的范围、内容、程序和旁站监理人员职责等。

(2)承包单位根据监理机构制订的旁站监理方案,在需要实施旁站监理的重要部位、关键工序进行施工前24小时,书面通知监理机构。项目监理机构应当安排旁站监理人员按照旁站监理方案实施旁站监理。

(3)认真履行旁站监理人员的主要职责:

①检查承包单位现场质检人员到岗、特殊工种人员持证上岗以及施工机械、建筑材料准备情况;

②在现场跟班监督重要部位、关键工序的施工执行施工方案以及工程建设强制性标准情况;

③检查进场材料、构配件、设备和商品混凝土的质量检验报告等,并可在现场监督承包单位进行检验或者委托具有资格的第三方进行复验;

④做好旁站监理记录和监理日记,保存旁站监理原始资料。

(4)旁站监理人员应当如实准确地做好旁站监理记录。凡旁站监理人员和承包单位现场质检人员未在旁站监理记录上签字的,不得进行下一道工序施工。

(5)对于需要旁站监理的重要部位、关键工序施工,凡没有实施旁站监理或者没有旁站监理记录的,监理工程师或者总监理工程师不得在相应文件上签字。在工程竣工验收后,监理机构应将旁站监理记录存档备查。

4 旁站监理的工作方法

（1）旁站监理人员要熟悉图纸、施工组织设计、相关技术规范、强制性条文及旁站监理方案，对要做什么、怎样做、做到什么标准要心中有数。

（2）要清楚地认识到承包人才是工程质量形成的最重要的主体。作为承包人的施工员承担着施工现场的组织指导、检查和管理职责，对工程质量的形成起着主要的决定作用。没有他们的工作，工程管理将会陷入混乱，将会导致职责不清。因此，旁站监理不能代替施工人员的管理。旁站监理的工作对象是承包单位执行施工的管理人员。

（3）旁站监理应与平行检验、抽查巡视等结合进行，决不可一"站"了之。旁站的关键是要发现问题、解决问题，防患于未然。

（4）旁站监理要讲究工作方法，要体谅施工人员的辛苦，不要吹毛求疵、盛气凌人，要凭数据说话，以理服人。对客观原因造成的问题要积极帮助，共同研究解决；对主观原因造成的问题要坚决制止，决不迁就。

（5）旁站人员在现场如发现有违反工程建设强制性条文行为的，有权责令承包单位立即整改；如发现施工活动可能危及工程质量与安全，应及时向总监理工程师报告，由总监理工程师采取必要措施，并如实做好记录及照相存档。

第三讲 认真做好旁站监理记录

1 引言

旁站是监理人员控制工程质量，保证项目目标实现必不可少的重要手段。真实、准确地记录好工程施工的旁站情况，全面反映

"三控、两管、一协调"与工程相关的一切问题,是旁站监理人员的应尽职责。做好旁站监理记录(旁站记录)对于每一位监理人员来说至关重要。

2 旁站记录的基本要求

旁站记录应真实、及时、准确、全面反映工程建设的重要部位和关键工序的有关施工质量情况。文字书写应工整、清晰,语言表达应简明扼要,措辞严谨规范,尽量采用专业术语,不用多余的修饰词语,更不要夸大其词。涉及工程数量和质量的内容要做到数字准确,概念清楚,避免模棱两可。

例如有的旁站记录记述:"5 月 8 日上午,进水闸边墙浇筑混凝土","7 月 14 日下午,闸室机房楼层浇筑混凝土 30 余方,情况良好无误"。以上记录内容,既没有说清楚施工具体部位,也没有记述旁站时的具体情况。其中,"上午"、"下午"、"余方"和"情况良好无误"等记录,均不符合规范要求。

3 旁站记录的主要内容

旁站记录的主要内容包括基本情况、施工情况和监理情况。

(1)基本情况。包括天气与水文情况、现场人员情况、施工起止时间、施工部位、完成的工程数量等。

①天气与水文情况包括江河水位、阴、晴、雨、雪和温度变化(最高气温、最低气温)、风力。准确的天气与水文情况,可以使监理人员判断旁站部位是否具备作业的条件或根据天气与水文情况的变化要求承包单位采取相应的作业措施。如混凝土浇筑在风雨天不宜进行,必须进行时,应采取有效的防雨遮蔽措施。如果施工过程中骤然发生天气突变,也应把现场真实情况如实记录下来,为日后处理相关问题提供第一手资料。

②现场人员情况应真实记录与旁站有关的建设单位人员,承

包单位的技术、管理人员,并对施工作业人员的数量做详细记录。

③施工起止时间应记录施工开始时间和结束时间。

④施工部位应写清所在部位的具体位置(轴线、标高、序号等)。

⑤完成的工程量应写清准确的数值,以便为造价控制提供依据。

(2)施工情况。包括重要部位和关键工序的施工过程情况,试验与检验情况,机械设备、材料使用情况,质量保证体系运行情况和施工安全检查情况等。

①重要部位和关键工序的施工过程情况主要记述施工方法、施工工艺及承包单位制定的质量保证措施的执行情况。如闸墩混凝土浇筑的混凝土制备方法,混凝土的运输、浇筑振捣方法以及混凝土下料入仓的形式等。

②试验与检验情况主要记述旁站过程中所做的与旁站有关的试验与检验情况。如混凝土坍落度的测定、混凝土试块的取样、混凝土原材料的计量、混凝土的配合比与等级强度的核定、钢筋焊接件的取样,以及土料碾压取样等记录主要数据、评定结果、抽检验收意见等。

③机械设备使用情况主要记述施工时使用的主要机械设备的名称、规格、数量,与承包单位报验并经监理工程师审批的设备是否一致,施工机械设备运转是否正常。

④材料使用情况主要记述重要部位和关键工序使用的主要材料的名称、型号、厂家、使用数量及其与承包单位报验并经监理工程师审批的材料是否一致。如水泥使用情况应写清水泥生产厂家、强度等级、出厂编号、使用数量,若使用外加剂,还要写清外加剂名称、生产厂家、检验合格手续、掺量以及是否经过试验等。

⑤质量保证体系运行情况主要记述旁站过程中承包单位质量保证体系的管理人员是否到位,是否按要求对重要部位和关键工

序进行检查,是否违反批准的施工方案和操作工艺与技术标准,是否对不符合操作要求的施工人员进行督促,是否对施工作业中出现的问题进行纠正和妥善处理。

⑥若工程因意外情况发生停工,应写清停工原因、停工起止时间及承包单位所做的处理。

⑦施工安全检查情况应如实填写当天施工作业中进行的安全检查,或安全作业是否正常。

(3)监理情况。包括旁站过程中监理人员发出的指令,承包单位提出的问题及监理人员的回复,建设单位、总监理工程师或专业监理工程师对旁站监理人员的指示等,都要记录在旁站记录中。

4 关于做好旁站记录的几点建议

(1)旁站记录是旁站监理工作的真实记载,旁站监理情况除在监理日记中有所记载外,还应单独记录,以便日后查阅。

(2)专业监理工程师或总监理工程师应定期审阅旁站监理记录,通过审阅,从中掌握重要部位和关键工序的有关情况,针对出现的问题,分析原因,制定措施,保证工程质量。

(3)监理人员应对旁站记录进行定期整理,妥为保存,同时报送建设单位审阅。一份好的旁站记录不仅可以使建设单位掌握工程动态,更重要的是使建设单位了解监理工作,树立监理单位的良好形象,同时也可从中听取建设单位的意见,及时改进监理工作,提高服务质量。

5 附件:实例摘录旁站监理记录

旁站监理记录

编号:2011 - 09 - 16

工程名称:南水北调中线一期天津干线穿越京广铁路输水箱涵
工程

日期及天气:2011 年 9 月 16 日,上午阴、26.4 ℃,下午晴、27.6 ℃,晚上晴、24 ℃

旁站监理工程部位:输水箱涵穿越京广铁路进口段底板牛腿以上中、边墙混凝土浇筑

旁站开始时间:2011 年 9 月 16 日 8 时 30 分

旁站结束时间:2011 年 9 月 16 日 20 时 10 分

施工情况:1. 施工人员管理人员到岗情况——现场操作人员 8 人,质检人员 1 人,管理人员 2 人,共计 11 人在岗。

2. 施工机械及工具配备情况——D50 插入式振捣棒 6 台,PZ - 50 平板振动器 3 台,旋转式抹面机 1 台,布料机、泵送机、混凝土拌和车、供电照明机具配套齐全。

3. 拌和站供应预拌混凝土,强度等级 C30,设计坍落度 12 ~ 14 cm,水泥为大山牌普通硅酸盐水泥,强度等级为 P.O42.5。

监理情况:1. 经检查,电工、司机等特殊工种均持证上岗。

2. 混凝土开仓前,钢筋、模板经检查符合要求,水泥、石子、砂子、加气剂等检验报告及混凝土配合比试验报告齐全并经监理签认合格后开仓浇筑。

3. 于 10 时、13 时、15 时、17 时分别在现场检测混凝土坍落度 4 次,均符合设计要求;现场取样 15 cm×15 cm×15 cm 试块 6 组,标准养护 3 组,同条件养护 3 组。试块留置符合要求。

4. 在浇筑过程中,未发现跑浆、胀模、漏浆等现象。

5. 本次中、边墙混凝土浇筑全过程实施旁站监理。

发现问题及处理意见:14 时 15 分,发现浇筑仓内有局部泌水现象,经监理指示暂停后,现场讨论分析,属于过振原因,随即对插振时间进行调整。

浇筑恢复正常,未造成隐患。

承包单位项目经理:陆在良(签字) 旁站监理人员:罗斯得(签字)

质检员:彭仲皓(签字) 总监理工程师:袁斌(签字)

2011 年 9 月 16 日 2011 年 9 月 16 日

第四讲　进行设计交底与图纸会审

1　设计交底与图纸会审的目的

根据国家设计技术管理的有关规定,工程开工以前,设计单位对提交的施工图纸,必须进行系统的设计技术交底;在施工图纸设计技术交底的同时,监理单位、设计单位、建设单位、施工单位需对设计图纸在自审的基础上进行会审。

设计交底与图纸会审的目的如下:

(1)使参与工程建设的各方了解工程设计的主导思想,采用的设计规范,确定的抗震标准,工程等级、基础、结构及机电设备设计对主要建筑材料和设备的要求,所采用的新技术、新工艺、新材料、新设备的要求以及施工中应特别注意的事项,以便使参建各方掌握工程重要部位、关键工序的技术要求,以确保工程质量。

(2)通过设计交底与图纸会审可以减少图纸中的差错、遗漏、矛盾,将图纸中的质量隐患与问题解决在施工之前,使设计施工图纸更符合实际要求,避免返工浪费。

2　设计交底与图纸会审应遵循的原则

(1)设计交底应提交完整的施工图纸;特殊情况下对施工单位急需的重要部分分项专业图纸也可提前交底与会审,但在所有成套图纸到齐后仍需再统一交底与会审。图纸会审程序不可遗漏,即使施工过程中另补的新图也应进行交底和会审。

(2)在设计交底与图纸会审之前,建设单位、监理单位及施工单位必须事先指定有关技术人员看图自审,进行必要的审核和计算工作。各专业图纸之间必须核对。

(3)设计交底与图纸会审时,设计单位必须派负责该项目的主要设计人员出席。进行设计交底与图纸会审的工程图纸,必须经建设单位确认。未经确认不得交付施工。

(4)凡直接涉及设备制造厂家的工程项目及施工图纸,应由订货单位邀请制造厂家代表到会,并请建设单位、监理单位与设计单位的代表一起进行技术交底与图纸会审。

3 设计交底与图纸会审会议的组织及程序

(1)时间。设计交底与图纸会审在项目开工之前进行,开会时间由监理部决定并发出通知。参加人员应包括监理、建设、设计、施工等单位的有关人员。

(2)会议组织。项目监理人员应参加由建设单位组织的设计技术交底会议,一般情况下,设计交底与图纸会审会议由总监理工程师主持,监理部和各专业施工单位(含分包单位)分别编写会审记录,由监理部汇总和起草会议纪要。总监理工程师应对设计技术交底会议纪要进行签认,并提交建设、设计和施工单位会签。

(3)设计交底与图纸会审工作的程序:

①由设计单位介绍设计意图、结构设计特点、工艺布置与工艺要求、施工中注意事项等。

②各有关单位对图纸中存在的问题进行提问。

③设计单位对各方提出的问题进行答疑。

④各单位针对问题进行研究与协调,制定解决办法。监理部写出会审纪要,并经各方签字认可。

4 设计交底与图纸会审的重点

（1）设计单位资质情况，是否无证设计或越级设计；施工图纸是否经过设计单位各级人员签署，是否通过施工图审查机构审查。

（2）设计图纸与说明书是否齐全、明确，坐标、标高、尺寸、管线、道路等交叉连接是否相符；图纸内容、表达深度是否满足施工需要；施工中所列各种标准图册是否已经具备。

（3）施工图与设备、特殊材料的技术要求是否一致；主要材料来源有无保证，能否代换；新技术、新材料的应用是否落实。

（4）设备说明书是否详细，与规范、规程是否一致。

（5）土建结构布置与设计是否合理，是否与工程地质条件紧密结合，是否符合抗震设计要求。

（6）几家设计单位的图纸有无相互矛盾；各专业之间、平立剖面图之间、总图与分图之间有无矛盾；建筑图与结构图的平面尺寸及标高是否一致，表示方法是否清楚；预埋件、预留孔洞等设置是否正确；钢筋明细表及钢筋的构造图是否表示清楚；混凝土柱、梁接头的钢筋布置是否清楚，是否有节点图；钢构件安装连接点图是否齐全；各类管沟、支吊架等专业是否协调统一；是否有综合管理图，通风管、消防管、电缆桥架是否相碰。

（7）设计是否满足生产要求和检修需要。

（8）施工安全、环境保护有无保证。

（9）建筑与结构是否存在不能施工或不便施工的技术问题，或导致质量、安全及工程费用增加等问题。

（10）防火、消防设计是否满足有关规程要求。

5 纪要与实施

（1）项目监理部应将施工图会审纪要记录整理汇总并负责形成会议纪要，经与会各方签字同意后，该纪要即被视为设计文件的组成部分,发送建设单位和施工单位,抄送有关单位,并予以存档。

（2）如有不同意见,通过协商仍不能取得统一时,应报请建设单位定夺。

（3）对会审会议上决定必须进行设计修改的,由原设计单位按变更管理程序提出修改设计,一般性问题经监理工程师和建设单位审定后,交施工单位执行;重大问题报建设单位及上级主管部门与设计单位共同研究解决。

施工单位拟施工的一切工程设计图纸,必须经过设计交底与图纸会审,否则不得开工。已经交底和会审的施工图以下达会审纪要的形式作为确认。

第五讲　水利工程施工测量监控工作要点

水利工程施工测量是一项专业性较强的技术性工作。测量工作的好坏,直接影响工程建设的质量,尤其是闸坝、桥涵、隧洞、渡槽和倒虹吸等建筑物工程,测量定位的精度更加重要。

因此,水利工程施工现场监理人员必须牢固掌握以下工程测量监控工作要点。

1　做好交桩领桩手续,认真复测工程控制网

水利工程开工前,勘察设计单位(或测绘部门)应将整个工程的平面和高程控制点,通过建设单位和监理单位,进行现场交桩,移交给承包单位,并以书面形式予以确认,工程参建各方应在测量桩位交接书上进行签证。

监理单位和承包单位根据交桩的成果资料,均应对交接的平面及高程控制点进行复测。平面控制网包括边长复测、角度复测和坐标闭合测量,复测精度按原等级要求进行;高程控制网复测也应按原等级要求进行,最终闭合差符合规范要求后再进行平差予

以采用。

如果复测成果与交桩成果相差较大，应及时报告建设和勘测单位，要求重新进行交接桩手续，确保首级控制网正确。

对于工程控制网的复测记录，监理机构应书面签发测量控制点确认书交给承包单位使用，同时要求承包单位做好点位的保护。

2　做好仪器、人员资质等审查工作，对施工控制网点进行复测

水利工程施工前，承包单位会根据交桩的首级控制网结合现场实际情况进行加密，组成施工控制网。在此项工作前，监理机构应要求承包人书面上报测量仪器检定证书、人员岗位证书、测量方案和计划等资料，并审查认可。

对于加密的施工控制点，监理机构应全部进行复测，测设精度应符合水利工程施工测量的精度要求，并书面签发确认书交给承包单位使用。

对上述的首级和加密控制点，要求承包人进行定期检查和阶段性复测。一般以3个月为期，以避免点位因时间过长而产生位移或沉降，消除测量放样偏差。

3　做好审图工作，对设计图纸的坐标、高程、某些关键数据进行全面复核计算

审图很重要，如果设计图纸存在某些数据上的差错，没有及时发现予以更正，就会造成严重后果。所以，首先应对设计图纸的坐标、高程及某些关键数据进行复核计算。以桥梁工程为例，首先应对整个桥梁的中心轴线坐标数据进行计算，对比每跨的间距、里程桩号是否与坐标计算相符，当有的墩台存在偏心值时，尤其应注意偏心的前后方向不能搞反。

在高程方面应注意，从下部结构的桩基（井柱）、承台、立柱、

盖梁到上部结构的板梁、T梁等,最终到桥面标高,每一部位的高程数据都应计算吻合。对某些重要的结构尺寸等也应预先复核,否则由于差错而产生的后果是比较严重的。

如果存在与已建工程相接的部位,则要预先对其进行复测,再与设计的数据进行比较,如不一致,则要提前进行变更。若等到施工后才发现不能衔接,就会造成难以弥补的损失。

4 做好施工过程中的放样复测工作

在施工过程中要求承包单位严格执行施工方放样、施工方复核、监理机构复核的"一放二复"程序。承包单位进行放样、复核后应及时将书面记录报送监理机构复核计算,确保放样数据正确,监理机构再到现场进行复测检查。对于重要部位,监理机构要进行100%复核。

仍以桥梁工程为例,桥梁从基础中心定位、桩位放样、承台、立柱、盖梁到上部结构,每一部位都应执行"一放二复"测量程序。复测时,应根据规范要求的技术指标进行检查,发现偏差超标的应纠正或重放。桥梁的高程复测较简单,从水准点上直接用水准仪或配合钢尺复测,但应注意与设计图纸高程核对,以免出现差错。各结构平面复测及允许偏差一般如下:

(1)基础中心。即桥梁中心线,一般应由首级控制点采用全站仪直接进行坐标放样复测,中心点位偏差应控制在±10 mm内。

(2)桩基。可根据已测放的基础中心和十字轴线,直接采用钢尺量距进行检查。一般群桩桩位中心偏差应在±15 mm内,单排桩桩位中心偏差应在±10 mm内。

(3)承台。可用全站仪直接测量承台中心坐标,再量取纵横轴线偏位情况。一般纵横轴线各检查两点,允许偏差应在±15 mm内。

(4)立柱。根据承台中心可检查立柱的模线,立柱底部定位之后,还应检查其垂直度,确保上口的偏差也符合要求。其纵横轴线偏差应在 ±10 mm 内。

(5)盖梁。应采用全站仪直接测量其中心和轴线位置,应特别注意曲线段及存在偏心的情况,按图纸要求仔细核对检查。其纵横轴线偏差应在 ±10 mm 内。

(6)上部结构。下部结构的平面定位精确了,上部结构的测量就相对简单,主要是控制好桥面铺装层厚度和整体的桥面高程和线型。首先应以首级控制点为依据,将桥面中心轴线和高程引测到盖梁上,以此为依据再去测量放样,确定桥面铺装层厚度和桥梁总体线型,严格将测量精度控制在 ±5 mm 内。

另外,在施工过程中,还应根据设计要求做好重要部位、特殊部位的沉降或变形观测,以指导施工。

5 做好施工过程中的实测实量,保存好原始记录

实测实量作为测量监理工作的一部分,是反映监理工作是否到位和评定工程质量的重要依据。监理工作要做到有据可查,要有可追溯性,实测实量记录就是最好的反映。现场监理人员可以根据工程项目的特点,采用具有各专业特色的实测实量手簿,既便于记录,又便于保存。手簿应包括以下内容:桥梁工程(其他工程以此类推)包括桩位偏差、钢筋保护层、墩柱尺寸、垂直度、平整度、轴线、高程、直顺度、跨径、净空等;道路工程包括厚度、平整度、宽度、中线高程、横坡、井框差等;排水工程包括管底高程、相邻管错口、窨井尺寸等。建立实测实量手簿后,结合各分项工程的施工,及时地进行实测监控,以确保工程质量符合设计图纸和验收规范要求。

6 做好工程的竣工测量,及时整理好各类测量资料

水利工程完工后,测量监理工程师应及时根据验收规范、设计

图纸要求,对已完工程进行全面的竣工测量。桥梁工程主要检测项目有轴线、高程、宽度、净空、垂直度等,有沉降观测要求的还应绘制沉降观测曲线图,便于接管单位进行监测养护;道路工程主要检测项目有中线高程、横坡、宽度、平整度等;排水工程主要检测项目有管底高程、窨井尺寸等。竣工测量资料应及时整理统计,便于对工程进行总体评估。

第六讲 严格监控工程材料,对工程材料实行全方位质量保证

1 引言

《水利工程建设项目施工监理规范》(SL 288—2003)在"6.2工程质量控制"中对工程材料(包括构配件和工程设备)的质量要求有以下明确规定:

(1)监理机构应按照有关工程建设标准和强制性条文及施工合同约定,对所有施工质量活动及与质量活动相关的材料、工程设备进行监督和控制,按照事前审批、事中监督和事后检验等监理工作环节控制工程质量。

(2)监理机构应对承包人从事材料等岗位需要持证上岗人员的资格进行验证和认可,对不称职或违章、违规人员,可要求承包人暂停或禁止其在本工程中工作。

(3)材料和工程设备的检验应符合下列规定:

①对于工程中使用的材料、构配件,监理机构应监督承包人按有关规定和施工合同约定进行检验,并应查验材质证明和产品合格证。

②对于承包人采购的工程设备,监理机构应参加工程设备的交货验收;对于发包人提供的工程设备,监理机构应会同承包人参

加交货验收。

③材料、构配件和工程设备未经检验,不得使用;经检验不合格的材料、构配件和工程设备,应督促承包人及时运离工地或做出相应处理。

④监理机构如对进场材料、构配件和工程设备的质量有异议,可指示承包人进行重新检验;必要时,监理机构应进行平行检测。

⑤监理机构发现承包人未按有关规定和施工合同约定对材料、构配件和工程设备进行检验,应及时指示承包人补做检验;若承包人未按监理机构的指示进行补验,监理机构可按施工合同约定自行或委托其他有资质的检验机构进行检验,承包人应为此提供一切方便并承担相应费用。

⑥监理机构在工程质量控制过程中发现承包人使用了不合格的材料、构配件和工程设备时,应指示承包人立即整改。

根据以上规定,监理人员在施工过程中必须严格监控工程材料质量,并对工程材料实行全方位质量保证。

2 对工程材料实行全方位质量保证

对工程材料实行全方位质量保证的具体要求如下:

(1)承包单位质量保证:承包单位是材料设备的直接使用者和责任承担者。为此,监理工程师要求承包单位健全质量保证体系,对采购的材料、设备、构配件的质量承担相应责任并妥善保管和试验,不合格绝不使用。

(2)工程现场质量保证:

①所有现场使用的材料、半成品、构配件均应事先报请监理工程师审批,方可使用;

②施工现场不许存放与本工程无关的不合格的材料;

③所有进入现场的材料与提交监理机构的资料在规格、型号、品种、编号上必须一致;

④同一库房不允许同时存放两种或更多的不同品种或不同标号、强度等级的水泥；

⑤不同产地、不同规格、不同时间进场的砂、石、砖、钢筋等要分别堆放或竖牌标注；

⑥监理工程师应经常检查现场材料是否合格(巡视)。

(3)试验室的质量保证：指施工企业试验室与承包单位现场试验室的质量保证。前者必须与资质相适应，并经相应主管部门机构批准，其资料方可作为评审依据；后者的现场试验人员应具有考核合格的上岗证，并具备必要的养护条件及工具设施。

(4)资料的质量保证：指承包单位必须向监理工程师报送以下资料：

①产品生产许可证或使用许可证；

②产品合格证(使用许可证不能代替合格证)、质量证明书或检验报告；

③复试材料的复试报告。

以上资料报批后方可使用。

(5)抽验质量保证：指承包单位复试试验与监理工程师抽验试验。

监理机构除要求生产厂家提供各项资料外，还要求承包单位对进入现场的材料和产品进行复试试验。如水泥、钢材、砂浆、砖、砌块、防水材料、外加剂、填土等。抽验工作要求遵守以下原则：

①七同原则，每次抽验对象或样品要同品种、同规格编号、同生产厂家(产地)、同时间生产和同时间入场、同施工部位、同操作人员、同施工要求；

②物单相符，即现场材料与资料标注的内容具有一致性，否则应复试；

③有代表性，按规定取样，监理工程师在场；

④有可靠性，即试验室或试验有差距时应重做。

（6）生产厂家质量保证：对生产厂家的资质、工艺、设计、检测等手段进行考察和检查。防止假冒产品进入现场。

此外，项目监理机构还必须对工程材料、构配件、工程设备建立相关管理台账，对材料、构配件、设备实施规范管理：

①对承包单位使用的工程材料、构配件、设备的采购、保管、检测、报审应有整套严密的管理制度，并参照《水利工程建设项目施工监理规范》（SL 288—2003）的各种表格及规定，建立相应的监控措施和制度；

②要求承包单位填写工程材料、构配件、设备报审表，送监理机构审批后，方可使用；

③监理机构应建立工程材料、构配件、设备进场入库、质量证明、出库、报审表审批、使用部位的台账，搞清楚工程上各部位的材料、构配件、设备的来龙去脉，做到心中有数，有据可查。

第七讲　做好巡视检测工作

1　引言

《水利工程建设项目施工监理规范》（SL 288—2003）对巡视检测有以下明确规定：

（1）巡视检测是监理机构对所监理的工程项目进行的定期或不定期的检查、监督和管理。

（2）监理人员应经常有目的地对承包人的施工过程进行巡视。

因此，巡视检测是监理工程师对工程实施监理最基本、最常用以及最为有效的手段之一。但是，在实际监理工作中，不少监理人员对每日巡视检测的重要性和检查内容认识不足，重视不够，往往把巡视检测搞成漫无目的的"闲逛"或"走马观花"，甚至走走过场、装装样子。其实,在巡视检测过程中,如果能够做到认真负责,有的放矢,不仅能够发现和解决工程质量安全隐患问题,而且还能对旁站、平行检验等起到重要的补充、完善、辅助作用。以下是有关做好巡视检测需要注意的几个方面。

2 巡视检测的主要内容

(1)承包单位是否按照设计文件、施工规范和批准的施工方案施工。

(2)承包单位是否使用合格的材料、构配件和设备。

(3)施工现场管理人员,尤其是质检人员是否到岗到位。

(4)施工操作人员的技术水平、操作条件是否满足工艺操作要求,特种操作人员是否持证上岗。

(5)施工环境是否对工程质量产生不利影响。

(6)已施工部位是否存在质量缺陷。

3 巡视检测的事前准备工作

巡视检测不可盲目进行,事前要有准备,做到心中有数。事前准备工作的具体内容如下:

(1)熟悉设计文件和相关法律法规、规范规程、技术标准及施工组织设计和施工方案等,确保发现问题有据可依。

(2)掌握施工现场进展情况,了解现阶段施工部位、施工内容,对需要重点巡视检测的范围做到心中有数。如冬季临近,应对混凝土冬季施工方案采取的防冻保温措施落实情况进行巡视检测;夏季气温升高后,应对混凝土的浇筑防温、降温等措施及混凝土工程结构养护等进行巡视检测,发现问题要及时妥善处置,杜绝施工隐患。

(3)在巡视检测过程中,监理人员应准备常用的检测工具、拍摄器材、安全防护及文字记录用品等。当发现质量缺陷或工程隐患时,随时记录或拍照摄影,作为原始资料保存待用。

4 巡视检测发现问题的处理

监理人员在巡视检测中,一旦发现工程质量安全等问题,要根据发生的时间、部位、性质及严重程度等情况采取口头或书面形式及时通知承包单位进行整改处理(有些问题因受时间限制,可以在现场当面向承包单位相关人员指出,整改落实后,补录文字记录,并经承包单位质检人员签认);对于违反强制性条文、不按图纸施工或存在严重隐患可能造成质量安全事故的问题,要及时签发监理通知单,要求承包单位停工整改,并同时报告建设单位,以杜绝质量安全事故的发生,并对处理情况进行跟踪监控直至复查合格,签署复工意见。施工单位拒不整改或不停工整改的,监理单位应及时向工程主管部门报告,以电话形式报告的,应有通话记录,并及时补充书面报告。检查、整改复查、报告等情况应记入监理日记中。

5 巡视检测中应注意的几个问题

(1)巡视检测中对比较严重的质量安全隐患问题,要及时采取拍照、摄影、封存原样等方式留存原始记录资料。

(2)巡视检测工作要讲时效,现场能解决处理的问题一定要及时解决,因故不能处理的也要有时间观念,限期解决,不能拖拉,以杜绝后患。

(3)巡视检测工作以每天上班开始进行为宜,以便尽早掌握施工现场情况,及时发现和解决问题。对于正在施工的作业面,应根据其工程部位的重要程度和操作工艺的难易程度,每天进行两次(上午、下午各一次)巡视检测,对于主要工程材料如水泥、钢筋、砂石骨料及构配件等的进场情况及质量检查情况每天至少巡检一次。

（4）巡视检测要坚持和谐管理的原则，处理问题的工作态度和工作方法要与人为善，善于沟通，要有利于问题的解决。切忌盛气凌人，出口伤人，以致形成"顶牛"现象。要避免造成双方情绪对立和矛盾激化的尴尬场面。

（5）坚持实事求是的科学态度，用数据说话。处理问题要有根据，对于拿不准的问题不可轻易表态、草率从事，更不可不讲原则，以致对存在的质量安全问题"高抬贵手"放纵过关。

第八讲　关于"平行检验"的几个问题

1　引言

"平行检验"是施工阶段建设监理机构进行工程质量控制的主要手段之一。国家行业标准《水利工程建设项目施工监理规范》（SL 288—2003）对"平行检验"有以下明确规定：

（1）监理机构如对进场材料、构配件和工程设备的质量有异议时，可指示承包人进行重新检验；必要时，监理机构应进行平行检测。

（2）监理机构可采用跟踪检测、平等检测方法对承包人的检验结果（工程质量检验）进行复核。

国家标准《建设工程监理规范》（GB 50319—2000）在第二章以术语的形式给出了"平行检验"的定义：项目监理机构利用一定的检查或检测手段，在承包单位自检的基础上，按照一定的比例独自进行检查或检测的活动。这一定义有以下几层含义：

（1）"平行检验"实施者必须是项目监理机构。

（2）实施"平行检验"的项目监理机构必须具备一定的检查或检测手段。

（3）项目监理机构实施的"平行检验"必须在承包单位自检的

基础上进行。

（4）"平行检验"的检查或检测活动须按照一定的比例进行。

（5）"平行检验"的检查或检测活动必须是项目监理机构独立进行的。

2 关于"平行检验"的深刻含义

（1）"平行检验"实施者必须是项目监理机构。

国务院颁发的《建设工程质量管理条例》第三十八条规定：监理工程师应当按照工程监理规范的要求，采取"旁站"、"巡视"和"平行检验"等形式，对建设工程实施监理。国家以法规的形式规定了监理机构在施工阶段对建设项目的工程质量控制有三大重要手段。这也就明确了控制手段之一的"平行检验"实施者必须是项目监理机构。

（2）实施"平行检验"的项目监理机构必须具备一定的检查或检测手段。

项目监理机构的检测手段有两层含义：其一，项目监理机构必须具有和本单位资质适应的，和所签订委托监理合同的建设工程项目相适应的监理方法、监理工具、仪器仪表等；其二，监理机构采用"平行检验"所针对的检验项目应是可重复的，即对检验项目的性能能够进行再次的量测、检查、试验等（如构配件、原材料）。而国家规定的必须由具有相关资质的检测、试验、量测机构所进行的并出具报告的检验项目，不在监理机构"平行检验"之列。监理机构只对标准、规范和设计规定的必须试验或复验的检验项目进行见证和审查试验报告，用见证和审查试验报告的方法来达到对这些检验项目进行质量控制的目的（如混凝土配合比、混凝土试块、破坏性试验等）。

（3）项目监理机构实施的"平行检验"必须在承包单位自检的基础上进行。

《建设工程质量管理条例》第二十六条明确规定：施工单位对建设工程质量负责。虽然承包单位和监理单位同为工程项目质量责任主体，但承包单位毕竟是建设工程质量的第一责任方，监理的性质决定了监理机构不是、也不可能是承包单位在质量控制方面的保证人。为满足建设工程的质量要求，承包单位必须有强有力的质量控制体系，并且能正常运转，各级质量体系对被检项目必须履行"三检制"，最终实现承包人对建筑产品的质量保证。没有承包人的自检，就不会有监理的"平行检验"。

（4）"平行检验"的检查或检测活动须按照一定的比例进行。

"平行检验"是对国家标准《建筑工程施工质量验收统一标准》中规定的那些对安全、卫生、环境保护和公众利益起决定性作用的"主控项目"和一部分"一般项目"的检验，全国各行业、各专业已按《建筑工程施工质量验收统一标准》的原则性要求制订了本行业、本专业验收规范的"主控项目"和"一般项目"。

在一项建设工程的全部检验项目中，有一部分检验项目是由承包单位在本单位质量控制体系下自行验收的，而另一部分检验项目即起决定性作用的"主控项目"和一部分"一般项目"则是由监理机构严格控制的。监理的"平行检验"就是按各行业、各专业及设计文件规定或合同中约定的比例进行检验的。对于"平行检验"的执行比例应该是多少，各行业、各专业都有自己的规定。例如，《水利工程建设项目施工监理规范》规定：监理机构可采用跟踪检测、平行检测方法对承包人检测结果进行复核。平行检测的检测数量，混凝土试样不应少于承包人检测数量的3%，重要部位每种标号的混凝土最少取样1组；土方试样不应少于承包人检测数量的5%，重要部位最少取样3组，砂石骨料不应少于承包人检测数量的10%。平行检测工作都应由具有国家规定的资质条件的检测机构承担，平行检测的费用由发包人承担。

（5）"平行检验"的检查或检测活动必须是项目监理机构独立

进行的。

监理进行"平行检验"活动的独立性是由监理的性质决定的。只有监理的独立性才能决定监理活动的公正性。监理机构按照公正、独立、自主的原则开展监理活动,其检查或检测活动不受其他各方的左右,才能使"平行检验"获得的数据和工程质量评估结论正确,从而可以理直气壮地在承包单位的报验申请表上签字。

3 "平行检验"的执行方法

具体来讲,"平行检验"就是承包单位和监理机构对同一个检验项目进行验收,对检验项目中的性能进行量测、检查、试验等,并将结果与标准规定要求进行比较,以确定每项性能是否合格。因此,"平行检验"的结论是合格或不合格,双方的检验数据可能有差异,合格的标准是双方的检验数据应在标准、规范和设计允许误差范围内,即所检验的项目符合设计文件和国家规定的强制性标准或条文要求。承包单位和监理机构的检验数据在允许误差范围内吻合,监理机构应确定该检验项目为合格;如果不吻合且超出允许误差范围,监理机构便确认该检验项目不符合标准、规范和设计的要求,监理工程师就要发出整改通知单,要求承包单位整改。承包单位对监理机构的"平行检测"有疑义的,施工和监理双方可再次共同组织复验,复验的结果双方确认为符合标准、规范和设计允许误差范围的,监理应签字确认。承包单位的报验项目超出标准、规范和设计要求的,承包单位必须按有关规定返修,直到返工。

4 "平行检验"的注意事项

(1)在监理规范中,"平行检验"的范畴只涉及对材料、构配件和设备的验收。

(2)"平行检验"应该是针对建设工程中对安全、卫生、环境保护和公众利益起决定性作用的检验项目的主控项目和部分一般项目的检验。

(3)监理机构进行的"平行检验"应该留下相关的记录。监理人员应该按监理规范的要求为监理资料留下规定的验收数据资料,以便为建设工程项目的预验收及质量评估和最终的竣工验收提供依据。

第九讲 做好工程质量见证取样和送检工作

为加强工程质量监督管理,进一步规范工程材料与工程结构质量检测工作,保证工程建设质量检测工作的科学性、公正性和准确性,国家规定,对工程建设中涉及结构安全的试块、试件和材料实施见证取样和送检工作制度,而且必须强制执行。

1 见证取样和送检工作的含义

为了保证试样能代表母体的质量状况以及建设工程质量检测工作的科学性、公正性和准确性,必须执行见证取样和送检制度。见证取样是为了监督承包单位按规范进行操作,不乱取样,不取错样;送检是为了确保试样在送至试验室的过程中不被更换、掉包,保证试样的真实性。也可以说,见证取样和送检是在工程监理单位人员的见证下,由承包单位的有关人员现场取样,并送至具备相应资质的检测单位进行检测,见证人员和取样人员对试样的代表性和真实性负责。

见证取样是监理的第一手资料,为监理工作的签认提供了真实、准确的依据。

2 见证取样和送检的范围

凡涉及工程结构安全的试块、试件和材料都必须实行见证取样和送检制度,且见证取样和送检的比例不得低于有关技术标准中规定应取样数量的 30%。因此,对于涉及工程结构安全的试块、试件以及有关材料都是见证取样和送检的范围。具体应包括:用于承重结构的混凝土试块、钢筋及连接头试件、预应力锚具、钢绞线、钢丝、混凝土中使用的掺加剂;用于承重墙体的砌筑砂浆试块、砖和混凝土小型砌块;用于拌制混凝土和砌筑砂浆的水泥;国家规定必须实行见证取样和送检的其他试块、试件和材料等。

3 见证取样和送检的工作程序

（1）工程项目施工开始前,监理机构要督促承包人尽快落实见证取样的送检试验室。对于承包人提出的试验室,监理工程师要进行实地考察。试验室要具有相应的资质,经国家地方计量、试验主管部门认证,试验项目满足工程需要,试验室出具的报告对外具有法定效力。

（2）将选定的试验室报送质量监督站备案并得到认可,同时要将见证人员和取样人员在该质量监督部门备案。

（3）承包人对进场材料、试块、试件、钢筋接头等实施见证取样前要通知见证人员。在见证人员的现场见证下,取样人员按规范要求,完成材料、试块等的取样过程。见证人员应对试样进行监护,并和取样人员一起将试样送至试验室或采取有效的封样措施封样。

（4）试验室在接收委托检验时,须由送检单位填写委托单,见证人员要在检验委托单上签字。

（5）试验室应在检测报告单上加盖"有见证取样送检"印章。若试样不合格,应通知见证单位或建设单位和质量监督部门,并建立不合格项目台账。

4　对见证人员的基本要求

（1）见证人员必须具备见证人员资格，即见证人员应是施工现场的监理人员；要具备材料、试验等方面的专业知识，具备从事监理工作的上岗资格。

（2）必须具备良好的监理职业道德素质，不刁难施工单位，更不能与施工单位恶意串通、弄虚作假等来损害建设单位的利益，做到客观公正。

5　见证人员的职责

（1）取样时，见证人员必须在现场进行见证，要求取样按规范进行操作。

（2）见证人员必须对试样进行监护，对试样的代表性和真实性负有法定责任。

（3）见证人员必须在委托单上签名，对于重要的试样如钢筋、水泥等，见证人员必须和施工人员一起将试样送至试验室。

（4）见证人员应制作见证记录，并将见证记录归入监理档案资料内。

6　见证取样送检工作中常见的几个问题

（1）取样不按有关标准。比如钢筋机械连接试件不在工程结构中随机截取，而是在加工场另行用边角废料制作试件。

（2）试样不按有关标准进行制作。比如施工现场采用人工插捣制作混凝土试块，制作人员随手抓起钢筋头一阵乱插猛捣，一边还另加入粗骨料；标准养护试块、同条件养护试块统统拿到水池里去浸泡。

（3）试块所代表工程量的数量、批次不够。比如水泥强度物理性能试验报告中代表数量累计只有 500 t，而工程实际用量却多达 800 t;钢筋焊接试验报告中代表数量只有 300 个,而工程实际焊接接头有 450 个。

(4)无见证。比如取样人员不通知见证人员来见证便私自取样制样;见证人员不去见证就在检验委托单上签字;试样未经加封就交由取样人员自行送检;检测人员不管有无见证就接收试样。

7 实施见证取样送检的监控措施

(1)重点防范承包单位以追求利润为目的,可能将劣质材料以次充好;采取分批进料,中间夹杂一些次品;拌制砂浆、混凝土时,为了偷工减料,另外拌制高强度试块弄虚作假等。

(2)见证人员必须对试样的代表性和真实性负责并承担法律责任;取样人员对试样是否符合相关技术标准负责并承担法律责任。

(3)项目监理机构应定期检查材料检测结果,将见证取样送检的检测结果与承包单位用于质量自控的检测结果对照比较,以便及时发现问题,及时组织对检测结果不合格项目进行技术分析,制定处理措施,督促整改。

(4)总监理工程师应定期检查见证人员的见证记录,从中发现并纠正不规范的见证取样和送检行为。

(5)材料进场后,监理人员应核查材料的出厂合格证、质保资料和数量等,核查合格后在见证人员见证下,由承包人的试验员现场取样,将取好的试样做好标记,并共同送至试验室,见证人员在检验委托单上签字确认。

(6)要求承包人申报材料进场时间计划报表报监理机构审批,使监理机构对材料进场时间有大概的把握,以保证材料不漏检。

(7)试验报告出来后,经见证人员审核加盖监理机构公章后才能存档,并由见证人员做好试验记录登记表。内容包括:取样日期、使用部位、取样人、见证人、试验报告编号、报告返回日期、试验结果等,从而保证工程使用合格材料,确保结构安全。

第十讲 关于"监理不到位"与 "监理越位"的思考

在日常监理工作中,容易出现两种倾向:一是监理不到位,二是监理越位。判断监理工作是否不到位或越位的依据主要是《建设工程监理规范》和委托监理合同。前者从原则上规定了监理从业人员的行为准则;后者在专用条件的条款内约定了项目监理机构的工作范围及其成员应履行的义务和职责。如果监理人员没有按规范或合同约定去开展项目监理工作,就可以认为其服务不到位;而如果其行为超越了合同授权范围,则构成越位。

监理不到位和监理越位的表现形式虽然不同,但危害却都一样——加大了作为责任主体之一的监理企业的责任风险。因此,监理人员特别是现场监理人员都应该把如何规避风险作为自己考虑和处理问题的出发点之一。

1 监理不到位

监理不到位的表现主要有以下几个方面:

(1)监理企业由于对工程质量监控手段不足甚至缺乏,本该进行平行检验的项目却无法检查、测试,以至于在监理质量评估报告中,因依据不足而不得不引用施工单位提供的数据。

(2)有些现场监理人员责任心不强,又不善于思考,对施工现场的巡视、旁站流于形式,不能及时发现施工过程中存在的各种质量问题,使得有些工程质量通病一再出现。如蜂窝、麻面、龟裂等混凝土外观质量缺陷。

(3)现场监理人员不深入施工第一线,每天下去一次也是走马观花,应付差事;对施工现场的工作内容、上岗人数、天气变化及环境条件和存在的主要问题缺乏全面了解,不能发挥自身对施工全过程的监控作用。

(4)旁站记录、监理日记文字潦草、记录简单,寥寥几句话,形同流水账,不能真实反映当天施工活动中发生的实际情况;旁站记录、监理日记虽有文字记录,但内容空洞,没有追溯参考价值。

(5)对施工单位送来的检验资料及工程变更申请单等审查不细、把关不严,往往不经思考即随手签认。如《建设工程监理规范》要求监理在审查工程变更时要从工程造价、功能要求、质量安全和工期目标等多方面综合分析考虑,可实际上真正按要求做的并不多见。

2 监理越位

监理越位多为个人行为,主要表现在两个方面:其一,本不该由监理人员干的工作,监理人员却越俎代庖,主动代劳。如亲自动手去参加施工单位的测量放线,或者混凝土浇筑仓内钢筋刚绑扎完毕,尚未经施工单位自检,监理人员便提前主动去检查、检测钢筋间距和保护层等,把自己当成了施工质检员的角色。其二,本不应由监理人员安排布置的事,监理人员却不请自到,俨然成了施工单位的项目经理。如在监理例会上,当施工管理人员汇报工程计划时,监理人员却接过话头,就作业内容、施工方法、劳力组织等说了一大通具体意见与要求,监理例会仿佛变成了生产调度会。此外,在巡视、旁站过程中,有的监理人员喜欢直接指挥生产工人这样做、那样做,影响正常的生产秩序等。

3 监理不到位与监理越位的危害

监理不到位与监理越位将会给监理企业带来严重后果。因为监理不到位,工程质量安全隐患不能及时排除,发生工程质量安全事故后,由于连带责任,除追究直接责任人的责任外,还要追究监理企业的不作为责任。

监理越位的后果,往往是吃力不讨好。曾经有一位监理测量工程师,因主动帮助施工单位测量桥梁井柱纵轴线,阴差阳错,结果使一排井柱桩位偏差 1 m。因为测量是"监理亲自实施的",施工单位把责任推得一干二净,使监理企业蒙受严重损失。

4 避免监理不到位与监理越位的对策

为了防止监理不到位,监理企业应重视对监理从业人员的职业道德教育、专业素质教育。应教育监理人员敬业爱岗,增强事业责任心,培养自己良好的职业操守;不断提高业务水平,熟悉《建设工程监理规范》、熟悉委托监理合同,以给自己准确定位。

避免监理越位要从两个方面入手:一是对于有施工经历背景的监理从业人员要帮助他们完成角色转换,明确自己的工作定位,搞清楚监理与施工之间是"监督与被监督的关系",一定要分清职责,不可代劳。二是要在日常工作中打"预防针",经常提醒他们明白自己的职责是搞好检查、预控,切不可吃力不讨好,好心办坏事。

第十一讲 正确使用监理工程师通知单

1 引言

国家标准《建设工程监理规范》(GB 50319—2000)关于监理工程师通知单(简称监理通知单)的使用规定有以下具体要求:

(1)对施工过程中出现的质量缺陷,专业监理工程师应及时下达监理通知单,要求承包单位整改,并检查整改结果。

(2)在监理工作中,项目监理机构按委托监理合同授予的权限,对承包单位所发出的指令、提出的要求,除另有规定外,均应采用规定格式的监理通知单。

（3）监理工程师现场发出的口头指令及要求,也应采用监理通知单予以确认。

综上所述,监理通知单是监理工程师在工程建设过程中向承包单位签发的指令性文件。目的是督促承包单位按照国家有关法律法规、合同约定、施工规范和设计文件进行工程施工,保证工程建设中出现的问题能得到及时纠正。

监理通知单具有强制性、针对性、严肃性的特点。监理通知单一旦签发,承包单位必须认真对待,在规定期限内按要求进行落实整改,并及时回复。

2 当前监理通知单签发中存在的通病

（1）空洞无物,套话连篇。

有的监理通知单喜欢"穿靴"、"戴帽",每次开头都是:"你部承担的工程目前正值紧张施工阶段,现在正值施工黄金季节,赶抢进度必须重视质量问题。最近,现场监理人员在巡视检查中发现了以下几个问题,存在较严重的工程隐患……"结尾则是老一套:"以上问题希望引起你部高度重视,认真检查落实责任制,举一反三,认真整改……"这样絮语连篇,既占篇幅,又浪费时间,绕了半天,摸不着主题。

（2）语气生硬,有失和谐。

少数监理人员意气用事,用语不讲分寸,行文上纲上线。诸如"管理混乱"、"损人利己"、"玩忽职守"、"屡犯不改"等有伤感情的文字经常出现在监理通知单中。这种指责人、训斥人的口气只会引起反感,激化矛盾,对排除工程隐患适得其反。

（3）含糊其辞,表述欠详。

有些监理通知单中所述内容不够具体,如"今天浇筑底板混凝土时发现钢筋保护层厚度不符合要求"，什么部位的钢筋保护层？保护层实测数据与设计要求偏差多少？今天是哪一天？这些问题均没有具体说明，让人摸不着头脑。

（4）缺乏时效观念。

在实践中，多数监理通知单只署年、月、日，没有详细到时、分，时效观念不强。严格来讲，监理通知单的生效是以承包单位在回执上签署姓名和收到的时间为准的。如监理通知单中写明"箱涵模板膨胀变形问题，希望尽快研究解决"，但没写明具体时间，从而使承包单位对工程质量安全问题不能及时进行整改，甚至借故无限期拖延，给监理工作带来被动。

3 撰写和签发监理通知单应注意的几个问题

（1）签发监理通知单要同时抄报建设单位，当监理通知单回复后也要及时转送建设单位。这样做主要是使建设单位能在第一时间内全面了解到施工中出现的问题，并及时掌握问题整改落实情况，以争取建设单位对监理机构处理相关问题的支持与了解，从而进一步取得建设单位对监理工作的理解与信任。

（2）善于用数据说话，表述问题应具体。对工程质量问题的叙述一般应说明违规的内容，包括监理实测值、设计值、允许偏差值、违反规范种类及条款等。如"梁板钢筋保护层厚度局部实测值为 18 mm，设计值为 25 mm，已超出允许偏差值 ±5 mm 范围，违反《混凝土结构工程施工质量验收规范》（GB 50204—2002）5.5.2条款规定"。此外，要求承包单位整改时限亦应叙述具体，如"在接到通知 48 小时内整改"或"在本通知单签发后两日内整改"。

（3）监理通知单签发以后，要允许承包单位申诉。监理通知单中应注明"如对本监理通知单内容有异议，请在接到通知 24 小时内向监理工程师提出书面报告"。承包单位如认为监理通知单内容不合理,应在收到监理通知单后 24 小时内以书面形式向监理工程师提出报告,监理工程师在收到承包单位书面报告后 24 小时内作出修改、撤销或继续执行原监理通知单的决定,并书面通知对方。

(4)监理工程师在签发监理通知单时不得使用打字机,而应亲手签名。同时,签发、签收时间应具体,如"2011 年 9 月 29 日上午 9 时 30 分监理签发,下午 15 时 20 分承包单位签收"。

(5)监理通知单在用词上应区别对待。要根据问题严重的程度分别采用"必须"、"严禁"、"应"、"不应"、"不得"或"可"、"宜"等。其用语要尽量与有关规范、规程用语统一,切忌使用"大致"、"可能"、"或许"以及"大概"等模棱两可的字词,以免使对方无所适从。

4 附件:实例摘录南水北调中线一期天津干线 $TJ_1 - J_2$ 标段工程监理通知单

监理工程师通知单

工程名称:南水北调中线一期天津干线输水箱涵工程

编号:2011 - 10 - NO4

致:中水十二局天津干线 $TJ_1 - J_2$ 标段项目部

事由:天津干线穿越京广铁路输水箱涵工程出口段底板混凝土浇筑开仓质检整改问题

内容:2011 年 10 月 14 日,监理部现场质检组对箱涵工程出口段底板混凝土浇筑进行开仓验收,共发现以下 3 个问题:①底板下层主筋有 24 处支垫保护层厚度达 8~10 cm,大于设计要求厚度为 5 cm 的规定;②底板两端变形缝平面止水固定不牢,且已发现 3 处局部变形;③底板上下层受力筋之间撑铁分布不均匀,浇筑混凝土过程中易造成上层钢筋下沉变形,影响工程质量。

据此,希望你部在接到本通知 24 小时以内,迅速组织力量进行整改,经自检合格后书面报告我部,经我部验收合格签认后方可开仓。

工程监理机构:广东顺水工程监理有限公司天津干线 $TJ_1 - J_2$ 标段监理部

总监理工程师:陶元春(签字)

2010 年 10 月 11 日

第十二讲　水工混凝土质量通病监控技术

1　引言

水工建筑物形式多样、结构复杂,尤其是钢筋混凝土施工技术含量高、要求严格。由于混凝土工程质量受材料选用、施工机具、工艺水平、操作方法、地区环境等诸多因素的影响,且施工中隐蔽工程监督检查项目多、隐患多、施工通病多,易造成质量缺陷,缺陷修补困难,因此水工建筑物钢筋混凝土结构工程是监理工程师质量控制工作的重要部位、关键工序。防治和避免钢筋混凝土质量缺陷(特别是质量通病)是水工建筑物工程质量监控的核心。水工建筑物钢筋混凝土施工质量缺陷主要有蜂窝、空洞、麻面、气泡、缝隙及夹层、缺损掉角、错台、挂帘(穿裙子)、裂缝及龟裂等。本讲主要分析质量通病形成的原因,并研究质量通病的防治监控措施。

2　水工混凝土质量通病的成因和监控

(1)蜂窝的成因和监控。

施工中,常把未被水泥砂浆包裹填实的石子聚集成的局部地方叫作蜂窝。蜂窝形成的直接原因是混凝土在浇筑过程中漏振或欠振。断面狭长窄小和钢筋稠密的结构,由于漏振或欠振,再加上卸料不均,或混凝土坍落度过小等原因,容易出现蜂窝。

防止产生蜂窝的主要措施是:

①混凝土下料入仓高度应不大于 1.5 m,超过 1.5 m 时,需要加设钢板溜槽或串筒,以防造成石子堆积和离析。

②严格按设计要求监控混凝土配合比和坍落度,保持混凝土的和易性。

③混凝土的振捣须按规范进行。使用插入式振捣棒时,插点的间距一般为振棒有效半径的 1.5 倍。振棒有效半径是指振棒中心到受振范围边沿的距离,其大小不仅与振捣棒本身的振动功率大小有关,而且也受混凝土和易性的影响。和易性好(坍落度较大)的混凝土,其连续性好,传递振动的能力也比较强。一般情况下,有效半径为 25 ~ 35 cm(棒头直径 50 ~ 70 cm)。施工时,可根据现场振捣实际情况确定。

④振捣棒每次插入混凝土中的时间一般为 20 ~ 30 s,但根据建筑物结构断面尺寸的大小而变化。对于薄壁结构,每个插点的振捣时间应适当减少为 15 ~ 25 s。据一般经验,浇捣现场振捣时间的控制,常以模板仓内混凝土不再下沉、模板边角部分已被混凝土填满充实、表面已经水平并不再继续出现小孔泡沫排出为标准。

⑤振捣棒在振插移动过程中,不得碰撞模板、钢筋或预埋件等,以防模板走动或钢筋、预埋件变形错位。移动振动棒时,应做到"快插慢拔",防止振后留有插孔痕迹,造成振孔部位不密实。每次振捣完毕后,应等振捣棒拔出混凝土后,方可停止振动。对于结构断面小、钢筋稠密或安装有止水带的细部结构部位,当振捣棒不便插入时,应辅以人工捣固,也可在振捣棒上套焊振动铲,以便深入内部振捣。

(2)空洞的成因和监控。

混凝土的空洞与蜂窝不同,蜂窝存在于未捣实的混凝土或缺水泥浆的混凝土中,而空洞却是局部或全部地没有混凝土。这是由于下料时骨料与水泥浆分离,混凝土在钢筋稠密处发生局部架空现象。空洞的尺寸通常比较大,以致钢筋全部裸露,造成建筑物结构内部断缺和结构整体性的损坏。

空洞产生的原因或是混凝土稠度选择不当(坍落度过小),或是粗细骨料级配不良、含砂率过小。这样,在钢筋稠密处,混凝土往往被卡住或堵塞,造成模板仓内混凝土失去流动性。而浇筑混凝土时,由于漏振或欠振,接着又继续下料浇筑第二层混凝土,将空洞掩盖,形成空洞隐患。

防止空洞产生的措施与防止蜂窝产生基本相同。即严格监控混凝土的设计配合比和设计坍落度,规范振捣操作,防止欠振、漏振和过振。此外,在夜间施工时,宜使用低压照明灯具,加强仓内照明。对于局部细小窄狭和布筋稠密的结构,待混凝土振捣结束以后,可用小锤敲击外模板,检查辨析是否留有空洞隐患。

(3)麻面的成因和监控。

混凝土结构产生麻面的原因主要是模板(木)干燥,吸收了混凝土中的水分。有时是因为对钢模板上粘的灰浆残渣及油渍等没有清除干净,致使板面粗糙。此外,若混凝土凝固期未到、拆模过早,加上前述板面污浊等原因,拆模时更易把混凝土外表水泥浆粘掉,从而形成麻面。

避免麻面的措施主要是保持模板板面清洁、湿润。钢模板使用前应打滑,在木模板上涂刷脱模剂。同时,防止浇筑混凝土时欠振和漏振,避免拆模过早。

(4)气泡的成因和监控。

气泡产生的原因是振捣时间不足或振捣插距过大,局部欠振,每层混凝土中的气泡未被全部引出。此外,混凝土用水过多、过振泌水,混凝土中游离水在表面张力作用下形成圆团状,水蒸发后,会在混凝土表面或内部留下泡状隐患。

预防气泡产生的措施是要严格控制混凝土的水胶(灰)比,规范振捣操作,做到不欠振、漏振或过振。

(5)缝隙及夹层的成因和监控。

缝隙及夹层是指在混凝土结构中存在松散的混凝土层及杂物残渣层。其形成的主要原因有:在开仓浇筑混凝土前,忽略了施工缝的处理;仓底面或施工缝处存积有干砂浆、泥土、杂物等,未能清除干净便进行浇筑;下料太高,仓底及施工缝内未能预先铺垫2~3 cm厚的水泥砂浆层,导致石子集中散落,聚集在一个面上。

防止缝隙及夹层最有效的方法是,在浇筑混凝土之前,使仓内干净、无杂物、湿润且无积水。对施工缝的处理方法是,先用钢钎凿掉原有混凝土表面水泥浆,使混凝土中石子外露1/3。接着,用压力水将凿毛面清洗干净,但不存积水,保持湿润。待浇筑新混凝土之前,于凿毛表面铺洒一层2~3 cm厚的水泥砂浆,之后,再分层浇筑混凝土。经过如此处理,可保证新旧混凝土结合密实,且不出现缝隙或夹层。

(6)缺损掉角的成因和监控。

缺损掉角是由于施工中对建筑物成品保护不当,或拆模过早。

防止建筑物结构缺损掉角的方法是,杜绝拆模过早,撬杠、铁锤等拆模工具不得直接撞击建筑物混凝土结构实体。钢模的拆除应按施工技术方案进行,借助起吊机械设备,有序拆卸转移,严禁使钢模结构从高处整体坠落,以防模板支架损伤变形,或伤及建筑物结构。木模板的拆除亦应遵守一定的方法和步骤。拆模时,要按照模板各结合点构造情况,逐块松卸,禁止用重锤直接敲击模板,以免使建筑物受到强烈震动或损伤。此外,在建筑物土方回填施工过程中,要特别防止大小夯压机械碰撞建筑物,为保证细部边角部位的回填质量,可用人工木夯薄层夯实。

(7)错台、挂帘的成因和监控。

错台、挂帘是指建筑物立面不顺直、不平整,有局部突出的水平台阶式变位和不规则形状的叠层现象。产生错台、挂帘的主要原因是,在混凝土振捣过程中振捣棒碰撞模板,或平板振捣器等施工机械的操作不当,振动外力加大了模板接缝的变位、鼓胀和缝隙,使水泥浆、混凝土从模板缝隙中流失,形成挂帘缺陷。此外,施工缝以上二期混凝土浇筑过程中,由于忽略了模板已有的变位,使前后两次模板仓内混凝土水平底线不在同一个直立面上,从而形成错台现象。

防止产生错台、挂帘的主要措施如下:

①认真审查整体提升模板自升式架设设施的施工技术方案,确保模板支架结构体系的刚度、坚固性和稳定性。

②在模板整体拆卸安装的过程中,做到稳定可靠,严防撞击建筑物墙体事故的发生。

③在浇捣混凝土过程中,严禁振捣棒碰撞钢筋、模板。禁止在模板支架结构上使用或停放机械设施。

④立模时,保证模板接缝平整严密,封闭可靠,不漏浆。

⑤在分层浇筑混凝土时,应逐层检查校正模板偏差。同时,要按设计要求,认真处理施工缝。

(8)裂缝的成因和监控。

混凝土结构裂缝一般分为沉降裂缝、收缩裂缝、温度裂缝和变形裂缝等。裂缝产生的原因主要有以下几种:建筑物地基不均匀沉陷(沉降裂缝);混凝土早期失水养护不良,造成表面收缩不均匀(收缩裂缝);新浇筑的混凝土过早承受荷载或遭遇重物碰撞,下部支撑结构刚度不足,发生变形和位移(变形裂缝)。此外,大体积混凝土工程由于养护不足、散热措施不到位或保温和防冻不当,混凝土内部与混凝土表面温差过大(一般温差大于 25 ℃),引起温度裂缝等。

针对各种裂缝产生的原因,可分别采取以下相应措施:

①在混凝土浇捣之前,先将基层和模板洒水湿润,避免其过多

吸收混凝土中的水分。振捣时,尽量做到既不欠振,又不过振,并防止振棒插距过大、抽撤过快或插振时间过长,以避免影响混凝土的密实性和均匀性,导致裂缝产生。

②混凝土浇筑完毕到收仓抹面至终凝前,应及时覆盖洒水养护,确保混凝土表面充分湿润。洒水养护应在混凝土浇筑完毕后8～18小时内开始进行,养护时间不少于28天;薄膜养护即在混凝土表面涂刷一层养护剂,形成保水薄膜,养护剂涂料应不影响混凝土质量;掺加粉煤灰混凝土暴露面的潮湿养护时间均不应少于28天。

③模板拆除时限必须符合设计要求,同时还应遵守下列规定:不承重侧面模板在混凝土强度达到2.5MPa时方可拆除;墩、墙、柱部位模板在混凝土强度不低于3.5MPa时方可拆除;承重模板(板、梁、悬臂结构)在混凝土强度达到设计值时方可拆除。如果需要早期拆模,在拆模后,应及时在表面覆盖轻型保温、保湿材料,这对于防止混凝土表面产生过大拉应力效果显著。

④大体积混凝土施工应严格监控气温突降现象,认真做好对原材料和混凝土拌和温度的检测工作。夏季、冬季浇筑混凝土时,要采取切实可行的温控措施,严格限制混凝土结构内外温差,使之不超过25℃。

⑤需要按设计要求进行人工切缝的混凝土部位,应根据气温条件及时切缝、做缝,避免由于切缝、做缝不及时而产生温度膨胀,导致混凝土裂缝。

⑥认真防范龟裂的产生和发展。当混凝土浇筑完毕后,在凝固硬化初始阶段,由于大风、干燥等气候条件的影响,混凝土产生剧烈的水分不均匀蒸发,导致表面出现干缩、冷缩现象。而此时尚处于塑性状态或初始硬化状态的混凝土表层(钢筋保护层厚度范围内),因其强度不足以抵抗混凝土的收缩应力而形成短而细、细且浅的无规则网状裂纹,继而在冷热气温作用下,裂纹继续发展成

为裂缝。对于此类裂缝,如果在混凝土尚处于塑性状态时发现,便可用钢制泥抹反复抹压修复。但施工中,裂缝大多在混凝土硬化后期(终凝)才被发现,此时木已成舟,不宜做简单处理。为消除龟裂,应未雨绸缪,尽早采取防范措施:保证混凝土骨料质量和控制水胶(灰)比。在混凝土初凝阶段,应及时保湿养护,以减少硬化过程中的水分蒸发。混凝土终凝后,最好每隔1小时用喷壶雾洒一次,淋水不可太勤,以防混凝土表面积水过多,导致积水流动带走水泥浆,影响混凝土质量。

3 结语

水工建筑物工程质量要求严格,施工人员必须注重每一个施工细节,精心操作,监理机构亦应对常见质量通病实行动态全程监控,从严监控每一个施工工艺和操作过程,尽力避免和减少施工质量通病的发生,确保工程的施工质量。

第十三讲 膨胀土地区渠道挖填工程施工质量监控要点

1 引言

膨胀土是一种具有特殊性质的土,其黏粒成分主要由亲水性矿物组成,土中成分含有较多亲水性强的蒙脱石、多水高岭土、水云母和硫化铁、蛭石等,故膨胀土是一种具有明显的吸水膨胀和失水收缩的高塑性黏土。这种土的强度较高,压缩性很小,并有较强烈的胀缩和反复胀缩变形的特点,性质极不稳定,易造成渠坡失稳,渠系建筑物地基因沉降不均匀而开裂破坏。其处理技术难度、处理工程量和工程投资都比较大,是南水北调中线一期工程总干渠面临的关键技术问题之一。

目前,对膨胀土地基防治处理措施一般有建筑措施、结构措施、地基处理措施、防水保湿措施、施工措施等。南水北调工程作为大型跨流域调水工程,根据渠系水工建筑物的特点,为保证膨胀土地区渠道工程的稳定性和可靠性,主要通过采取加大对渠道开挖及填筑施工监控、水泥改性土换填、非膨胀土换填、开挖边坡和建基面防护以及施工防水保湿等措施,以确保工程质量安全,万无一失。

2 膨胀土渠道开挖施工监控要点

膨胀土渠道开挖施工过程的特点是受人为因素及自然环境因素变化影响较大,且上下道工序之间质量优劣的因果关系明显,具有强烈的连贯性,每道工序质量都必须严格控制,环环扣紧,按部就班进行。例如,按设计要求形成渠道开挖断面后,应立即开展后续项目施工作业或采取保护措施,以避免开挖面长期暴露而导致建基面失水干裂或雨淋膨胀变形。项目监理部应针对膨胀土渠道开挖过程的特点,有的放矢地编制膨胀土渠道开挖质量监控实施细则,并根据设计要求及业主提供的膨胀土地区岩土工程勘察报告,研究分析本监理标段工程特点、难点,认真落实膨胀土处理施工技术要求和施工质量监控措施。

(1)对渠道开挖过程的监控。

①在渠道开挖过程中,必须采取有效防护措施以减少大气环境的影响。在施工中,严格分层、分段开挖,一次工作面分段长度宜为 150~200 m。

②土方开挖按照从上到下的顺序分层分段依次进行,开挖层高一次不宜超过 3.0 m,在上一级边坡处理完成之前,严禁下一级边坡开挖。

③渠道土方开挖按设计开挖轮廓线预留保护层,弱膨胀土预留保护层厚度不小于 30 cm,中、强膨胀土预留保护层厚度不小于

50 cm。

④在开挖过程中,逐层设临时截流沟、逐层排水,及时排除施工区的积水,尽量减少地表水和地下水对开挖施工的影响。

⑤禁止大型挖掘、碾压或吊装等重型机械在上一级马道和坡顶上行驶,避免在开挖好的马道、坡顶及坡面上堆放渣土和施工材料。

⑥建基面不得欠挖,超挖部位不得以拍坡、补坡的形式处理。

(2)对保护层开挖与削坡的监控。

①保护层开挖应集中力量快速施工,尽量缩短建基面暴露时间。保护层开挖完成后应立即组织后续项目施工。

②开挖保护层与削坡必须严格按照设计开挖轮廓线进行定桩、挂线,确保坡面平整。

(3)对建基面防护的监控。

①完成保护层开挖后,应立即对膨胀土建基面采取防坡面雨淋、防土层蒸发失水的临时防护措施;在换填层填筑施工时,严禁建基面出现饱水软土、失水干裂等现象。

②膨胀土渠道边坡的临时防护措施宜采用防雨布(低规格复合土工膜)进行防护。防雨布沿渠线纵向水平敷设,上层布压下层布,搭接宽度不小于0.5 m,防雨布顶部和底部应延伸到坡顶边线和坡脚线以外,延伸长度不得小于2 m。坡顶、坡底及坡面搭接处应采用土袋压牢。

③鉴于施工过程影响因素较多,在渠道建基面形成后,除采取以上覆盖保护措施外,还应尽快进行后续项目施工。

(4)对施工期滑坡处理的监控。

由于膨胀土具有胀缩性、多裂隙性及超固结性等特点,在渠道开挖施工期间容易产生浅层滑坡。当出现滑坡时,项目监理机构要及时与设计部门保持联系与沟通,特别要配合设计单位,根据工程具体地质条件分析滑坡破坏模式、破坏机制及诱发因素,结合滑坡的范围、深度、方量及地下水情况制订相应的处理方案,并报业主批准。

①对于受裂隙面控制的浅层滑坡,可采取清挖和回填的方式进行处理。

②渠道滑坡清理应自上而下、自外而内逐步清理,清除范围应保证超过滑动面1 m,并应注意保持后缘清挖边坡的稳定。

③滑坡清理后应立即进行回填,并保证新老土结合面的密实性。

④回填土料应采用非膨胀黏性土或水泥改性土,严禁采用中、强膨胀土作为回填土料。同时,严格按土方填筑要求控制土料含水量、土块粒径、铺土厚度、压实度,确保回填料压实后的抗剪强度满足渠道边坡的稳定要求。

⑤当滑坡区存在地下水渗流现象时,需采取引排措施对地下水进行疏排。

3 膨胀土渠道填筑施工监控要点

膨胀土渠道填筑施工主要是指挖方渠道(包括半挖半填渠道)膨胀土渠坡的非膨胀土填筑或水泥改性土的换填层填筑施工。

膨胀土渠道采用的换填土料一般为非膨胀黏性土或水泥改性土。当土料自由膨胀率在40%~65%(弱膨胀)时,应经水泥改性后方能用于渠坡换填处理;当土料自由膨胀率在65%~90%(中膨胀)时,不宜用改性土换填,如当地料源严重不足,改性后仅可用于过水断面以上部位;当土料自由膨胀率大于90%(强膨胀)时,即使改性也禁止用于换填处理。

(1)对换填土料的监控。

①换填层土体的抗剪强度不应低于渠坡土体的抗剪强度,其变形模量亦应接近渠坡土体的变形模量。

②当渠道开挖或施工渠段附近有可利用的非膨胀土时,宜优

先采用非膨胀土；无非膨胀土时则采用水泥改性土。

③采用水泥作为改性材料，水泥掺量应根据改性试验确定（弱膨胀土参考掺量取3%～5%，中膨胀土参考掺量取6%～8%）。

（2）对水泥改性土换填施工的监控。

当需要采用弱膨胀土、中膨胀土对渠坡进行换填时，必须掺混适量水泥改善膨胀土的膨胀特性，经改善后的膨胀土称为水泥改性土。水泥改性土在投入工程使用前，必须进行生产性试验和相关测试，以确定改性土的水泥掺量、破碎工艺、制作方法以及选择合适的含水量范围，评价改性效果。

①改性土应严格控制土块粒径，大规模碎土采用液压碎土机施工。碎土施工前，需现场进行碎土工艺试验，用筛分法检测碎土级配。土块粒径不大于 10 cm，其中 5～10 cm 粒径含量不大于5%，0.5～5 cm 粒径含量不大于50%。

②土体天然含水量宜控制在最优含水率，变幅控制在 1%～3%，当含水量偏高时，需进行翻晒处理。土料碎土完成后，应直接上料拌和，不能直接上料时，采用防雨布覆盖。

③水泥改性土填筑前，应根据不同料源及水泥掺量做室内水泥改性土击实试验，以确定水泥改性土的最优含水量及最大干密度。水泥改性土填筑压实密度不小于0.98，并防止过压。

④填筑施工前，根据室内水泥改性土击实试验确定的最优含水量及最大干密度，应在施工现场进行水泥改性土碾压施工工艺试验，以确定碾压施工的铺土厚度、碾压遍数、含水率范围、压实机械型号及开行速度等参数。

⑤水泥改性土在分层填筑上升过程中，应及时对填筑面及填筑边坡进行洒水保湿养护，以防止水泥改性土砂化。

⑥水泥改性土在换填施工过程中，发现有弹簧土、松散土、起皮现象等，应及时处理，重新碾压并经检测合格。

⑦雨季施工应特别注意天气变化，勿使水泥和混合料遭受雨

淋。已摊铺的水泥改性土应尽快碾压密实。

⑧在水泥改性土拌和前,应选用现场有代表性的被改性土做室内 EDTA 滴定试验,以便检测水泥改性土的水泥含量;然后进行拌和机拌和水泥改性土的运行试验,确定拌和机械运行控制参数。

用 EDTA 滴定法测定水泥含量和水泥土的均匀性时,采用水泥含量标准差进行控制。每拌和批次不大于 600 m³,水泥改性土抽测不少于 6 个样品(每个样品质量不小于 300 g),水泥平均值不得小于设计掺量。弱膨胀水泥改性土水泥含量标准差不大于 0.7,中膨胀水泥改性土水泥含量标准差不大于 0.5。

⑨水泥改性土填筑铺土厚度 30 cm 左右,采用振动凸块碾碾压。碾压机械沿渠道纵轴线方向前进、后退,按全振错距法碾压,前进、后退一个来回按两遍计,碾迹重叠不小于 20 cm。碾压速度控制在 2 ~ 4 km/h。碾压层间需根据天气和层面干燥情况,洒水湿润。对边角接头处大型机械易漏压地带,需由人工采用蛙夯或冲击夯等小型机具夯实。

4 渠道非膨胀土换填施工监控要点

由于膨胀土性质极不稳定,对水工建筑物的潜在危害性极大,渠道无法直接进行混凝土衬砌或直接过流运用,必须在原膨胀土渠道基面上换填其他基面后才能进行衬砌。用非膨胀土换填是其中的方法之一。

非膨胀土换填采用碾压机械进行碾压,以提高换填层的整体性,并对膨胀土渠道边坡起到压盖作用,减少膨胀土渠道边坡卸荷产生的滑坡;同时,隔绝大气环境和渠道水流对原膨胀土渠道基面的影响,使渠坡膨胀土体处在相对稳定的环境中,防止因膨胀土体的含水量发生较大变化造成坡面失稳。

在非膨胀土换填层填筑施工前,监理人员应组织换填层建基面验收,发现建基面轮廓不满足设计要求或建基面出现饱水软土和干裂等现象时,应及时处理,验收合格后立即进行换填层填筑施工,并加强对施工全过程的监控。

(1)工艺流程与常规土方填筑施工相同,即非膨胀土料区覆盖层清除—土料开采运输—土料制备—摊铺—碾压—取样检测。

(2)施工质量监控。在非膨胀土填筑施工过程中容易出现填土料含水量不均、漏压、弹簧土、剪切破坏等质量问题,现场监理人员应采取以下相应预防措施。

①采用进占法填筑施工。换填工作场地一般宽度较小,运送土料车辆在同一工作面反复碾压,易造成土体剪切破坏及局部出现弹簧土。为避免车辆对换填面层过度碾压,可采用推土机向工作面送土。

②边坡结合面处理。渠道换填时边坡结合面是关键部位之一。填筑前宜用推土机在已开挖好的边坡上逐层"开蹬",高度与土料松铺厚度相同。对边角接缝处等机械碾压不到或易漏压地带,需用小型人工夯具冲压夯实。换填作业宜采用凸块碾进行碾压,并注意结合面的保湿。

③雨季施工应特别注意天气变化,避免土料受到雨淋,对已摊铺的工作面,雨前应尽快碾压密实、封面并进行防雨覆盖。

(3)土料质量监控。由于料区取土的含水量、粒径不均匀,填筑施工前需对进场土料适当进行翻松、破碎并拌和均匀,以保证碾压密实度。此外,由于膨胀土地区的非膨胀土料源较少,土料运距一般较远,取土、运输易受外界干扰,可能影响膨胀土渠道施工连续性要求,稳定的土料供应就成为控制重点。因此,监理工程师在质量监控时,对土料供应要特别注意保证膨胀土渠道的连续作业要求。

5　结语与建议

前已述及,由于膨胀土具有干燥收缩、吸水膨胀、裂隙发育、性质极不稳定等特点,对渠道挖填工程造成的危害极大,其主要危害有雨淋沟、蠕动变形、浅层和深层滑坡等。在施工过程中，一旦防护处理不当或处理不及时，将直接影响渠道的正常运用。因此，为了认真做好膨胀土渠道施工质量监控工作，监理机构应对膨胀土的土质特性及危害给予足够重视，充分了解掌握膨胀土施工的技术要求，严格按照膨胀土渠道监理实施细则把好工程质量关。根据近年来的工程监理实践，提供以下建议供参考。

（1）首先，监理机构要从膨胀土渠道施工组织设计审查着手，重点审查承包单位膨胀土渠道挖填工程施工方案是否与工程实际特别是工程地质实际相符。其次，检查施工机具和设备的性能、规格、数量及实际生产能力等是否满足工程需要，针对膨胀土特性所采取的保护处理措施和施工方法是否得当、可靠。最后，督促检查承包单位按审批后的施工方案、技术措施和施工工艺精心组织施工。

（2）鉴于膨胀土渠道施工难度较大，地质情况多变，为确保施工顺利进行，应加大旁站监理力度，对膨胀土渠道挖填施工全过程实施旁站监理。做好对旁站人员的技术交底工作，详细阐明膨胀土地区旁站人员的具体职责和质量控制要点。要求旁站人员对重要部位、关键工序在施工现场跟班监督，并运用目测法、量测法及试验法等手段进行检查，及时发现和处理旁站监理过程中出现的质量问题，并如实准确地做好旁站监理记录。

（3）膨胀土渠道挖填工程施工过程相对较长，情况复杂多变，在施工过程中可能会遇到各种与原设计考虑因素不同的情况，因此监理人员要及时与设计部门保持联系与沟通，特别是遇到疑难问题，如滑坡、地下水渗水和不良地质条件等时，应事先通报设计单位，并尽可能提供有关详细资料，以供设计及建设部门参考，保证工程有序进行。

（4）对于大型跨流域调水工程，由于施工战线长，工程任务大，部分施工企业缺少膨胀土地区施工经验，监理机构应根据工程需要通过现场观摩教学、学习交流、专题会议等方式，组织承包单位了解熟悉膨胀土渠道施工特点、施工方法及避免诱发膨胀土地质灾害的处理措施,提高参建单位对膨胀土施工特点的认识和重视程度,以促进工程顺利进行。

(5)渠道预留保护层的开挖与削坡,是保证渠道设计标准的关键工序。根据南水北调中线一期工程宝郏段第五施工标段的实践经验,在换填工序完成后,应挑选有经验的挖掘机操作人员配合人工按样槽进行削坡。削坡方向垂直于渠道轴线,由上至下顺坡进行,削坡土料拢集于坡下临时堆放,经加水、破碎后可重新利用。首次削坡时宜预留 5～10 cm 的薄土层,在渠道混凝土衬砌前再临时削除。为保证坡度设计标准,预留薄土层削坡时,将挖掘机斗齿前焊接一块 20 mm 厚的钢板作为刮板,长度同挖掘机斗宽,宽度约为 15 cm,前缘与斗齿齐平。然后,人工用平头铁锹清坡。施工时,按 5 m 一个断面定桩放样,边削边检测,直到坡面坡度符合规范要求。

第十四讲　钻孔混凝土灌注桩施工质量监控技术

钻孔混凝土灌注桩具有承载力大、沉降小、噪声低、对相邻建筑物影响小等诸多优点,在水工建筑防渗工程、高层建筑及桥梁工程中使用已相当普及。但是,钻孔混凝土灌注桩具有施工的隐蔽性及工序的不可逆转性,特别是对于 30 m 以上的超长桩而言,又具有施工工艺复杂、质量难以控制等特点。因此,加强对钻孔混凝土灌注桩施工全过程的质量监控工作就显得尤为重要。

1　认真审查施工组织设计

对施工组织设计的审查要从工程施工全过程来考虑,如对施工部署、施工方案、施工进度计划、施工现场平面布置、施工质量、施工安全控制措施、施工管理制度、岗位责任制、质检制度等,均应进行重点审查。特别要针对钻孔灌注桩的施工难点认真审查关键环节、重要部位和关键工序的做法。如造孔质量(孔位偏差、桩孔垂直度、孔径偏差、孔深及孔底沉渣厚度等)、泥浆稠度检测、终孔岩石鉴别、水下混凝土灌注及钢筋笼制作与吊装等质量控制措施是否细化、量化,并具有可操作性和安全可靠。

2 钻孔灌注桩施工监理工作流程

钻孔灌注桩施工监理工作流程如下:开工申请(承包人)—验收(监理)—钻孔巡视检测(承包人、监理)—持力层的见证确定(监理)—申请终孔(承包人)—一次性清孔(承包人)—验收钢筋笼(监理)—下放钢筋笼(承包人)—下放导管(承包人)—二次清孔(承包人)—测量桩深、沉渣厚度(监理、承包人)—签署混凝土浇筑令(监理)—浇筑混凝土(承包人、旁站监理)—测量超灌高度(监理)—拔导管成桩。

3 钻孔灌注桩施工实施要点

(1)每根桩施工前,承包单位须出具开孔申请,经监理工程师审核签认后方可开孔。

(2)钻头直径须经监理检测合格后使用。

(3)钻孔桩进尺达到设计持力层时,须经监理认可,并按规定定时或定深度取样,留存待查,当确定桩长及进入设计持力层深度均满足设计要求后方准终孔。

(4)钻孔经监理验收完毕,签署混凝土浇筑令后方可浇筑混凝土。

4 钻孔灌注桩的施工质量要求和控制标准

混凝土灌注桩质量检验标准和桩位允许偏差见附表1、附表2。

附表1　混凝土灌注桩质量检验标准

项序		检查项目	允许偏差或允许值	检查方法
主控项目	1	桩位	按附表2规定	基坑开挖前量护筒,开挖后量桩中心
	2	孔深	+300 mm	用重锤测,或测钻杆长度
	3	桩体质量检验	按基桩检测技术规范	按基桩检测技术规范
	4	混凝土强度	按设计要求	试件报告或钻芯取样送检
	5	承载力	按基桩检测技术规范	按基桩检测技术规范
一般项目	1	垂直度允许偏差	<1%	测钻杆,或吊垂球和用超声波探测
	2	桩径允许偏差	±50 mm	用井径仪或超声波检测
	3	泥浆比重 (黏土或砂性土中)	1.15~1.20	用泥浆密度计测,清孔后在距孔底500 mm处取样
	4	泥浆面标高 (高于地下水位)	0.5~1.0 m	目测
	5	沉渣厚度端承桩 摩擦桩	≤50 mm ≤150 mm	用沉渣仪或重锤测量
	6	混凝土坍落度	180~220 mm	用坍落度仪测
	7	钢筋笼安装深度	±100 mm	用钢尺量
	8	混凝土充盈系数	>1	检查每根桩的实际灌注量
	9	桩顶标高	+30 mm -50 mm	用水准仪测,需扣除桩顶浮浆层及劣质桩体

附表 2　灌注桩的桩位允许偏差

成孔方法	桩位允许偏差（mm）	
	1~3 根，单排桩基垂直于中心线方向和群桩基础的边桩	条形桩基沿中心线方向和群桩基础的中间桩
泥浆护壁　$D \leqslant 1\,000$ mm 钻孔桩　$D > 1\,000$ mm	$D/6$，且不大于 100 $100 + 0.01H$	$D/4$，且不大于 150 $150 + 0.01H$

注：H 为施工现场地面标高与桩顶设计标高的距离；D 为设计桩径。

5　钻孔灌注桩施工过程一般检查和控制

（1）施工准备。

检查用于测定桩位的轴线和控制点。承包单位放线后，在桩位上插上醒目牢固的标志。

检查和丈量钻孔的各种机具设备，重点检查钻头直径是否等于孔径，记录钻具总长，以便于检查和控制孔深。

承包单位施工人员与监理人员一起对现场原材料进行见证取样并送检，同时提供材料出厂合格证或质量保证书。承包单位须向监理机构提供混凝土配合比资料以及所用原材料及外加剂等的合格证。

（2）护筒埋设。

护筒直径应比设计孔径大 100~200 mm；桩位须经监理工程师复核认可，护筒中心应与桩位中心基本吻合，误差小于 50 mm；护筒埋设深度以能隔离松散回填土为宜，周边用黏土夯实，护筒宜高出地面 400 mm 左右。

（3）桩机就位与调平。

桩机就位须经监理工程师复核，桩机应调平垫实，以防止发生孔斜。

（4）泥浆。

根据不同的地层,泥浆比重控制在 1.2 ~ 1.35。浇筑混疑土前孔内底 500 mm 以内,泥浆比重应为 1.1 ~ 1.2,含砂率≤8%;黏度≤28 s,监理人员应随时抽检泥浆比重。施工期间,护筒内的泥浆面应高出地下水位 0.5 ~ 1.0 m。

（5）成孔。

钻孔时,使用的钻头应根据不同的地层予以更换。进入持力层时,应及时通知现场监理人员见证取样,并注明取样时间和深度,准确确定孔深。根据勘察报告提供的持力层特征,同时经多次参照进尺速度判定为合格样品,确定持力层上界面。根据设计要求进入持力层深度,并经监理人员复查终孔深度,及时记录终孔时间及终孔深度,包封岩渣样,存档以备核验。

（6）清孔。

清孔分两次:第一次清孔在终孔后进行,泥浆比重在排完沉渣后应尽量调至 1.2 以下;第二次清孔是在下完导管后进行,沉渣厚度达到规定值,泥浆比重控制在 1.1 ~ 1.2,含砂率≤8%,黏度≤28 s。

（7）钢筋笼制作及安放。

钢筋的规格、钢号和尺寸必须符合设计要求及施工规范的规定。混凝土灌注桩钢筋笼质量检验标准见附表3。考虑到运输和吊装方便等因素,钢筋笼每节长度宜为 7 ~ 8 m,但根据桩机及吊机起吊高度可适当调整。保护层厚度以不小于 50 mm 为准,宜用圆形可转动砂浆块控制保护层,沿断面方向放置 4 ~ 6 块,纵向间距 3 ~ 4 m。

附表3　混凝土灌注桩钢筋笼质量检验标准　（单位:mm）

项目	序号	检查项目	允许偏差或允许值	检查方法
主控项目	1	主筋间距	±10	用钢尺量
	2	长度	±100	用钢尺量

续附表 3

项目	序号	检查项目	允许偏差或允许值	检查方法
一般项目	1	钢筋材质检验	设计要求	抽样送检
	2	箍筋间距	±20	用钢尺量
	3	直径	±10	用钢尺量

钢筋笼分节接头,纵向钢筋应错开,接头位置间距应大于等于500 mm,在同一断面内不超过50%。主筋接头焊接应沿环向并列,焊缝长度≥10d(单面)或≥5d(双面)(d为钢筋直径)。箍筋与主筋和加强筋采用电焊连接。电焊工应持证上岗。

钢筋笼搬运起吊应采取适当措施,防止扭转、弯曲。下放钢筋笼时,要对准孔位吊直扶稳,缓慢下放,避免强烈碰撞孔壁。若发现任何沉放不下去现象,应提笼扫孔,严禁用吊机吊起钢筋笼重落或人力扭动等将钢筋笼强制下沉。钢筋笼下放到设计标高后,应立即固定在机架或地面上,不宜固定在护筒顶上。

监理人员应检查钢材合格证、质保单以及试验报告,其质量要满足设计和规范要求。必要时,监理机构可会同建设单位抽样试验检查。此外,还要严格检查钢筋笼制作尺寸,偏差应控制在验收规范要求以内。

监理人员特别要注意钢筋笼是否有误或短缺以及笼顶标高必须符合设计要求,并督促施工人员固定好,以防浇筑混凝土时上浮或下沉。施工人员须做隐蔽工程验收记录,并经监理人员签字认可。

(8)水下混凝土浇筑。

水下混凝土灌注坍落度应在 180~220 mm,监理机构应随时抽查混凝土的坍落度。承包单位应按规定数量制作混凝土试块,取样应有监理人员见证。检查成孔质量,尤其是沉渣厚度小于50 mm时合格后应尽快浇筑混凝土(一般不超过30分钟)。施工人员应填写混凝土浇筑令,并经监理人员认可后方可开浇。开浇时,要采用木球、球胆、泥球等隔离物分隔导管的泥浆和料斗中的混凝土。初灌时导管埋深必须大于1.0 m,在浇筑过程中,必须有专门施工人员测量和记录,适时提升导管。拔管后导管埋深控制在2～6 m,严防导管底端脱出混凝土面,浇筑超出高度必须符合设计或规范要求,以保证桩头混凝土质量。停止浇筑时必须有监理人员认可。

水下混凝土的浇筑应连续进行,不得中断,如发生堵管、导管进水等事故,应及时采取处理措施并经监理机构认可。

(9)做好施工技术资料和监理记录工作。

要求承包单位做好各项记录工作,如测量放样(桩位)记录、混凝土级配通知单、成孔记录、泥浆测定记录、钢筋和水泥等原材料检验记录、焊接试验记录、水下混凝土浇筑记录、施工日记等,且要求承包单位做好各桩持力层岩样保管和建档工作。

监理人员要完整填写每根桩的监理记录表,且与承包单位施工人员进行必要的核对查实,务必使记录正确。

6　钻孔灌注桩施工质量控制要点和方法

(1)桩位及标高控制。

复核桩位测量基准点无误后,用经纬仪及钢尺正确测定工程桩位,打入钢筋或水泥钉,桩径经监理人员复核认可,必要时,可核查施工人员的测量计算值。

要求打桩单位用水准仪测出地面、机架、转盘标高,并算出机高,在钻机的造孔原始记录表上做好记录,根据以上标高数值控制孔深、桩长及桩顶和笼顶标高。±0.000的位置必须标注在固定醒目的位置,并做定期复核。

(2)终孔深度控制。

①判定持力层界面深度的依据:

一是按工程地质勘探报告的钻孔平面布置图及地质剖面图,

参照工程桩的相对位置,推算持力层界面深度,但仅作为参考。还可以根据周边已施工的桩持力层界面深度进行推算,此方法可靠性较好。

二是根据每小时进尺判定。不同岩层的进尺速度不一样,进尺速度也可以作为判定依据之一。

三是根据岩渣判定。此方法最为直接和可靠。进入持力层界面所获得的岩渣应具有地质报告所描述的品质和特征,进入基岩时,施工人员应多次见证取样,以保证判定持力层界面深度的正确性与合理性。判定岩样合格后,经监理人员签字认可,并记录取样时间和深度。

②成孔深度判定与确认:根据判定的持力层界面深度,算出有效桩长、桩进入持力层深度,且同时应满足设计桩长要求。达到设计孔深后,须经监理人员签字认可。

(3)沉渣厚度控制。

每根桩测沉渣的测线应做不易移动的深度标志,并用钢尺进行校核。测绳宜用细小的钢丝绳,以尽量减小测量误差。控制沉渣厚度符合规定要求(端承桩≤50 mm,摩擦桩≤150 mm)。

(4)桩身混凝土理论体积及充盈系数。

①桩身混凝土理论体积:

$$V = \pi d^2 \times L/4$$

式中 d——桩径;

L——桩身混凝土有效灌注长度(孔深 - 桩地面高度)。

②充盈系数 k:

$$k = V_1 / V$$

式中 V_1——实际浇灌量,m^3;

V——理论浇灌量,m^3。

充盈系数必须满足设计及规范要求($k > 1$)。为了正确地计量每根桩实际浇灌混凝土体积,监理人员应旁站记录灌注混凝土质量,并计算和记录实际浇灌量和充盈系数。

7 灌注桩施工质量通病及预控要点

(1)采取隔孔施工程序防止坍孔或缩颈。

钻孔混凝土灌注桩是先成孔,然后在孔内灌注混凝土成桩。由于周围土体移向桩身对桩产生动压力,尤其是在成桩初始,桩身混凝土强度较低,且灌注桩成孔是依靠泥浆来平衡的,故拟采取适当桩距(间隔施工)来防止坍孔和缩颈。产生坍孔和缩颈还有其他方面的原因。如土层为塑性膨胀土,浸水后土体膨胀引起缩颈。引发坍孔的原因则有:土质松软或含有散砂层土;成孔速度过快或某部位钻头遇阻,空钻时间太长;泥浆比重不够,含砂率大,不能起到护壁作用;护筒埋设深度不够,周围黏土填封欠密实,形成孔隙,引起漏浆冲刷孔壁;钢筋笼下沉不垂直,碰撞孔壁等。为此,在监控过程中,应严格按照规范要求把好质量关,防止坍孔与缩颈现象发生。

(2)钻孔孔身不垂直。

钻孔孔身不垂直的主要原因有:钻机就位后转盘不水平,固定钻杆不垂直;钻机坐落于软硬交接的土层上,启动后由于机身自重与振动的影响,造成机身倾斜而导致钻杆倾斜;钻杆变形,杆间接头不平顺;地下障碍物或土质不均匀,使钻头受阻力不均匀而偏离方向。

为防止孔身偏差,拟采取以下措施:扩大桩机支承面,使桩机稳固;必要时,事先对场地做夯实处理,并适当加大承重枕木的面积,经常校核钻架及钻杆的垂直度,随时检查机身是否水平;遇到地下障碍物时,应清障后再钻孔;成孔后与安放钢筋笼前做孔径、孔垂直度超声波测试。

(3)确保桩位和成孔深度。

在护筒定位后及时复核护筒的位置,严格控制护筒中心与桩位中心线偏差(不得大于 50 mm),并认真检查护筒回填土密实度,以防在钻孔过程中发生漏浆而冲刷孔壁,造成坍孔;为准确控制钻孔深度,在桩架就位后及时复核底梁的水平和钻具的总长,并做好记录,以便在成孔后根据钻杆在钻机上的留出长度来校验成孔达到的深度。

钻杆到达的深度已反映了成孔深度,但是如果在第一次清孔时泥浆比重控制不当,或在提升钻具时碰撞了孔壁,就有可能发生坍孔和沉渣过厚等现象,从而给第二次清孔带来困难。因此,注压泥浆的水头必须经过计算,不能无限制地提高泥浆对孔壁的压力,必须注意保持孔壁的侧压平衡,以防清孔时造成坍孔。此外,在提出钻具后,再用测绳垂球复核孔深,测绳测量精度应经常复核。

(4)钢筋笼制作和安装质量控制。

首先检查钢筋质量保证资料,按设计及规范要求逐节验收钢筋的直径、长度、规格、数量和焊接质量。特别注意,钢筋笼下沉时应采用对称的两根吊环,确保钢筋笼下沉时的垂直度,防止碰撞壁孔。同时,在钢筋笼接长时,要加快焊接速度,尽可能缩短沉放时间。

(5)防止钢筋笼上浮。

钢筋笼上浮的主要原因有:混凝土和易性差,坍落度偏低,灌注混凝土时,导管埋入混凝土中较深,推动管外部混凝土整体上升,当混凝土的推力和黏着力大于钢筋笼自重时,钢筋笼随着混凝土的上升而上浮;浇灌混凝土中因机械故障等造成浇灌中断,使孔内部分混凝土初凝或坍落度损失,混凝土流动性变差,当恢复灌注时,该部分混凝土推动钢筋笼上浮;在钢筋笼制作运输和吊装过程中操作不当,造成主筋变形,提升导管时,导管接头肩部带动钢筋笼上浮。

因此,针对上述原因,为防止钢筋笼上浮应注意以下要点:

①混凝土和易性必须满足施工要求,混凝土坍落度应控制在

180 ~ 220 mm;

②导管应随着混凝土的上升而逐步提升,而导管埋入混凝土的深度宜为 2 ~ 6 m;

③做好灌注混凝土前的准备工作,动力用电必须有备用电源,防止机械故障及停电而影响工程质量;

④钢筋笼在安装前如有变形,应整理成型后再安装,钢筋笼下段最后一根加劲箍筋应焊到主筋端头上,以加强钢筋笼的刚度;

⑤导管接头肩部可设置三角形加劲板或设置锥形法兰护罩。

在施工中,当发现钢筋笼上浮时,应立即停止混凝土灌注,找出原因,及时采取控制上浮措施。如上浮过长,应由设计单位重新验算是否满足设计要求,必要时进行补桩处理。

(6)断桩防治。

成桩后桩身某部位无混凝土或混凝土疏松夹带泥层称之为断桩,此类断桩属完整性不合格。断桩的主要原因是:

①导管埋入混凝土中深度不够,孔深压力差大,造成孔中泥浆进入导管内,形成泥浆夹层。

②导管提升速度过快,管底部从混凝土内脱离,造成混凝土桩体被泥浆隔断。

③混凝土坍落度偏低,和易性差,粗骨料粒径偏大,造成卡管,或由于机械故障,导致混凝土灌注中断;待重新灌注混凝土时,已灌部分混凝土坍落度损失或初凝,埋入混凝土中的导管可能产生堵管。若此时判断失误,继续将导管提升至孔内已灌混凝土顶面,则造成断桩。

防止断桩的主要措施是:首灌量应能满足导管的下口埋入混凝土中的深度不小于 1.0 m,以保证完全排出导管内的泥浆并防止泥浆卷入混凝土中。

混凝土的灌注必须一气呵成,每次灌注间歇时间一般应控制在 15 分钟之内,最多不得超过 30 分钟。孔内混凝土面上升速度每小时不小于 2 m。导管埋入混凝土中的深度在 2~6 m。

混凝土中粗骨料粒径不大于 40 mm,且应采用二级;此外,在灌注混凝土过程中必须每灌注 2~3 m 测一次桩孔内的混凝土面的高度,确定每段桩体的充盈系数不得小于 1。

第十五讲　桥梁工程的外观质量监控要点

1　概述

桥梁工程质量分为内在质量和外观质量(包括标准)。内在质量是指满足使用的特性,如强度、刚度、密实度等。外观质量是指满足审美要求的特性,如色泽、平整度等。两者有密切关系。内在质量差一般要影响外观,但内在质量好,并不一定就保证外观好,而必须做进一步努力。

2　桥梁工程外观质量监控要点(线条、表面、棱角、色泽四方面)

(1)线条。主要指桥梁轮廓线和边角线,要求直线要直,曲线要顺滑。

例如:梁的起拱(现浇、预制都存在此问题),要加以解决。

又如:桥面的盖梁,拆模后要求边线顺直,关键是模板加工、拼装要精细,防止在浇筑中漏浆、变形。

再如:盖梁支座标高,要严格控制。对于纵坡比较大的桥梁,同一盖板前后对应两块支座,顶面标高有坡变,不相同,应根据纵坡大小设置顺向高程,以保证桥梁顺滑、美观。

(2)表面。桥梁的绝大部分构件都是由多个面组成的。对于面的基本要求就是表面平整、密实、光洁。

实现表面平整的关键在于模板。模板要采用钢模,最好是整体钢模。要确保表面平整，而且要有足够的刚度，支撑要牢固，以防止在混凝土浇筑过程中模板变形、漏浆等。而对于一些混凝土外露面面积大，不得不采用小模板拼接时，要注意拼缝的排列应错落有致，整齐划一，并注意消除错台现象。

桥梁立柱拆模后，往往采用塑料薄膜包裹养护，并且到龄期后也最好不要立即拆除薄膜，以保护立柱表面不受污染，等工程全部完工后，再予以拆除。

桥梁工程构件的密实，主要是要做到混凝土浇筑振捣时，既不能漏振，也不能过振。操作工人必须技术熟练、经验丰富。

混凝土表面的光洁程度与所用模板有关。在安装模板前，对钢模表面进行打磨、抛光处理，这样浇筑出来的混凝土表面平滑、光亮，外观效果好。

（3）棱角。在施工过程中，人们往往不重视桥梁工程构件的棱角，经常出现一些缺棱掉角现象，影响桥梁工程的美观，这主要是人为原因造成的：其一是拆模时不小心，工具发生碰撞；其二是梁板吊装过程中的碰撞。因此，在施工过程中要严格按照规范规定的施工工艺要求，尽量避免人为因素对成品构件的破坏。

（4）色泽。表面色泽的优劣也是影响桥梁工程外观质量的一个重要因素。要使色泽达到完美的程度，必须高度重视下列几点：

①混凝土的色泽以淡青色为佳。混凝土的色泽，主要取决于水泥的品种，如果掺加一些外加剂，也会改变混凝土的色泽。如果水泥品种不好，又不掺加外加剂，则其色泽会呈淡灰色或暗灰色，这就显得不美观。因此，水泥品牌十分重要，最好选择信誉好、质量信得过的大型水泥厂家产品。

②混凝土的色泽应均匀一致。首先，要注意严格控制水泥品牌，必须是同一品牌；其次，配合比要尽量一致，不能随意改动；最后，还要严格检查砂、石等原材料。只要对这些环节认真把关，完全有能力控制混凝土的色泽，使之不会出现大的色差现象。

③混凝土的色泽要体现本色。这主要取决于表面涂刷的脱模油。有些脱模油是有颜色的,如淡黄色、暗黑色等,如果这些脱模油黏附在混凝土表面,就会掩盖或改变混凝土的本色。如果脱模油本身是无色透明的,并且涂抹得太厚,就会"吃"进混凝土表层,从而改变了混凝土的本色。另外,表面生锈的钢模板,如不除锈,混凝土浇筑后铁锈黏附在混凝土表面,也会掩盖混凝土本色。

因此,要体现混凝土本色,应采用高品质的脱模油,最理想的是高品质的清机油,而不要采用废机油。模板最好采用钢模,且其表面要光洁。钢模表面应经过打磨、抛光等处理,使其达到一定光洁度。每次拆模后,钢模表面需重新处理;脱模油应涂刷均匀,宜薄不宜厚。如果过厚,应予擦掉。模板上油后,应尽快立模、浇筑混凝土;否则,时间一长,灰尘飞虫容易黏附在模板表面,从而影响混凝土表面的光泽。

第十六讲　水工混凝土的养护机制与施工监控技术

1　引言

传统的水工混凝土养护,一般为自然养护。自然养护是指混凝土浇筑后,在平均气温高于 5 ℃的条件下,在一定时间内使混凝土保持湿润状态,以使水泥的水化反应进行完全,防止混凝土水分过早蒸发而产生较大的收缩变形,出现干缩裂缝。自然养护要求混凝土浇筑后 12 ~ 18 小时以内覆盖洒水养护(火山灰质水泥及矿渣水泥养护不少于 21 天,普通硅酸盐水泥养护不少于 14 天,在干燥、炎热气候条件下,应延长养护时间,养护不少于 28 天),干硬性混凝土在浇筑后立即开始养护。

2 水工混凝土的养护机制

本讲所指的水工混凝土的养护机制系指"大养护"观点。根据"大养护"观点，对于混凝土工程，特别是大体积水工混凝土结构，由于体积大，水泥用量多，混凝土浇筑时间集中，水泥水化热不易散发，易产生较大的温差，由此产生的温度应力导致微裂缝扩展，而微裂缝扩展到一定程度将造成有害裂缝，对水工结构极为不利。因此，对于水工混凝土工程的施工，除了认真做好自然养护，尚需做好夏季混凝土施工的防热降温和冬季混凝土施工的保温防冻，重视和搞好混凝土龄期内的温控，以及严格控制混凝土的水化升温，延缓降温速率，减少混凝土收缩，提高混凝土的极限拉伸强度，防止混凝土因温差过大而发生裂缝。

众所周知，混凝土在硬化期间会放出大量的水化热，使混凝土内部温度升高。混凝土内部与表面产生温差时，在混凝土表面会出现拉应力。当拉应力超过混凝土的极限抗拉强度时，就在混凝土表面发生温度裂缝。有关资料表明，水工混凝土表面裂缝多数发生在浇筑初期，而初期的表面温度骤降则是引起表面温度裂缝的主要外因。当日平均气温在 2 ~ 4 天内连续下降 6 ~ 9 ℃时，龄期 28 天以内的混凝土暴露面就可能产生裂缝。例如，据丹江口工程实测资料分析，表面裂缝大多发生在龄期 6 ~ 15 天内。黄龙滩水库工程资料也表明混凝土在龄期 6 ~ 20 天内，遇到寒潮降温就易出现表面裂缝。桓仁水库和刘家峡水库工程位于寒冷地区，据观测，在秋末冬初第一、二次寒潮出现时混凝土发生裂缝，寒潮降温值一般在 10 ℃左右。国家重点工程南水北调中线一期天津干线输水箱涵工程于 2010 年 11 月中旬初次寒潮出现时发生局部裂缝，寒潮降温值在 11 ~ 13 ℃。

混凝土表面出现温度裂缝，将影响水工建筑物的整体性和耐久性，且当裂缝继续发展时，还有可能造成建筑物的贯穿裂缝，引起严重的后果。因此,为保证建筑物的工程质量,增加水工混凝土结构的耐久性和抗腐蚀性,在施工中必须树立"大养护"观点,除加强对混凝土浇筑初期的洒水覆盖或薄膜养生,保持足够的湿润养护时间外,还必须认真做好混凝土的保温防冻(冬季)和降温防热(夏季)工作,而对龄期(28天)内的混凝土采取有效的控制温差措施更为重要。

3 水工混凝土温度控制措施与监控要点

由于混凝土内部温度高,而外界气温低,在内外温度相差悬殊时,将形成过陡的温度梯度,使温度应力加大而导致混凝土表面开裂。这种情况并不完全局限在冬季低温条件下。例如,建成于1996年的南方某污水处理厂,于1995年8月遇到一场寒流袭击(降温值为9 ℃),高达8 m的钢筋混凝土挡土墙出现温度裂缝。扩建于20世纪80年代初期的薄山水库溢洪道工程,曾采用滑模浇筑闸室边墙(夏季施工,气温高达25 ℃,实测混凝土闸室边墙内部温度为51 ℃),由于未能加强初期的洒水养护和采取必要的温控措施,故混凝土强度增加缓慢,并因内外温差较大而发生表面裂缝。之后,在浇筑闸墩时(11月1日,气温14~25 ℃),为解决内外温差过大问题,采用三层草袋对混凝土表面进行保护,有效地控制内外温差(一般可减少温差6~7 ℃),虽然冬季施工,在−10 ℃温度条件下(当时混凝土内部实测温度为50 ℃),闸墩也均未出现裂缝。可见,在一般墩墙工程处于非严寒地区的情况下,对水工混凝土表面进行防裂保温控制,不仅是必要的,而且是可行的。

当然,上述方法仅适用于一般中小体积水工墩墙工程。对于大体积的坝体混凝土工程来说,由于其散热时间较长,温度控制就复杂得多。例如,建成于1944年的美国方塔纳大坝,经过30多年的运行后,于1980年前后仍在左坝肩附近廊道中出现裂缝。经过调查研究,确认裂缝系坝体残余温度膨胀所造成。该坝系在第二次世界大战时抢筑建成,混凝土浇筑强度高达每月 82 000 ~ 184 000 m³,水化热未及时消散就为新浇筑的混凝土所覆盖。这是大体积混凝土施工温度控制值得注意的一个重要方面。

随着我国水利水电工程建设规模的日益扩大,确立和重视推广混凝土的"大养护"理念势在必行。目前,我国在水工混凝土养护,特别是在温度控制措施上已取得了长足的进展,积累和掌握了丰富的实践经验与方法,为建设监理人员在履职过程中加大监管力度提供了借鉴,主要有以下几个方面:

(1)降低混凝土水化热温升。主要方法是使用中低热水泥(如选用矿渣硅酸盐水泥)和减少单位水泥用量,如在混凝土中掺用粉煤灰及外加剂(木质素磺酸钙、糖蜜、OP 等)一般可减少水泥用量 10% 左右,并可减少水化热。大化、大黑汀等工程均采用这些措施,收到了良好的技术经济效果。此外,使用干硬性混凝土,采用调整骨料级配等措施,也能有效地降低混凝土的单位水泥用量。豫南地区某地方大型水库泄水闸工程,于 2008 ~ 2010 年施工期间,充分利用混凝土的后期强度,根据《粉煤灰混凝土应用技术规范》(GBJ 146—90)的规定,经设计方同意,采用 60 天龄期强度代替 28 天龄期强度,减少水泥用量,在降低水泥水化热和延缓降温速率方面均收到了满意的效果。

(2)采用预冷混凝土降低混凝土浇筑温度。如使用风冷骨料、水冷骨料和加冰或加冷水拌和相结合等措施,可有效地降低混凝土的出机口温度和混凝土浇筑温度。1982 年,在东江工程施工中使用了国内首座 3 × 1.5 m³ 预冷混凝土搅拌楼,采用料仓骨料风冷加片冰、冷水搅拌措施,保证了东江工程混凝土浇筑质量。长江三峡工程前期科技攻关中采用的"混合上料,二次筛分,连续风冷"的预冷工艺,通过一期、二期工程的实践,均达到了理想的效果。

(3)防止混凝土温度回升。选择离工地最近的拌和站,加快混凝土的运输及浇筑速度,对混凝土输送泵管进行覆盖和洒水降温。采取"阶梯式"浇筑法加大散热面积,在浇筑仓喷雾降温,并对新浇混凝土及时用隔热材料遮盖。

(4)加快混凝土散热。采用薄块浇筑以增大自然散热面,并适当延长浇筑块之间的间歇时间,以增加表面散热效果;在混凝土内预埋冷却水管,通循环冷却水,进行散热降温,也能起到控制混凝土温度的效果。

(5)加强混凝土冬季施工的保温措施。在高寒地区浇筑混凝土,除采用保温模板外,拆除后的混凝土表面均需全部保温。一般多用稻草帘子、麻袋及一些新型保温材料等,同时应避免在夜间和气温骤降期间拆模,并应加强对冬季混凝土施工的检查。

4 结语

混凝土养护的措施在不断改进,针对目前水工混凝土工程的环境污染影响,需要更加注意从化学反应、晶体结构等多方面来控制,提高混凝土本身的物理力学指标。如国家重点工程南水北调中线工程实施过程中在预防混凝土碱骨料反应方面(指混凝土中的碱与骨料中能与碱起反应的活性成分——SiO_2、白云石晶体等在混凝土硬化过程中吸水逐渐发生膨胀性化学反应,导致混凝土工程产生开裂破坏的现象)已经取得了成功经验,保证了工程建设的质量安全目标,这是我们的最终目的。希望业内更多的学者同仁共同来关注这项研究工作,提高水工混凝土养护机制理论水平,提出更多更好的水工混凝土养护措施和施工监控手段。

第十七讲　水利工程施工现场重大危险源的辨识与监控

重视水利工程重大危险源的监控是降低工程质量安全事故发

生率的关键。已于 2004 年 2 月 1 日起在全国开始施行的《建设工程安全生产管理条例》中,已明确了监理单位在施工现场中的安全责任。因此,监理单位应对建设工程安全生产过程中存在的重大危险源认真辨识,并采取相应措施进行监控,以保证现场施工安全。

1 工程项目开工前对重大危险源的监控

工程项目开工前,监理单位在编制监理规划时,应将本工程施工各阶段、各部位所需控制的危险源一一列出,将其中导致事故发生可能性较大,且事故发生后会造成严重后果的危险源确定为重大危险源,提出预控措施,并在施工全过程中认真实施。

2 施工现场常见的重大危险源类型

(1)高空坠落。

造成高空坠落的主要因素有:闸坝、桥梁工程施工高位临边等安全防护措施不符合要求;脚手架高空作业人员安全防护不符合要求;操作平台与交叉作业的安全防护不符合要求;施工人员未按安全操作规程操作。

(2)触电。

造成触电的主要因素有:临时用电防护、接地与接零保护系统、配电线路不符合要求;配电箱、开关箱、现场照明、变配电装置等不符合要求;架空线路距离施工现场近且防护措施不到位等。

(3)施工坍塌。

施工坍塌主要有两个方面:一是深基坑坍塌,二是脚手架和模板支撑坍塌。

①深基坑坍塌。深基坑是指挖掘深度超过 1.5 m 的沟槽和开挖深度超过 5.0 m 的基坑以及对相邻建筑物、构筑物、地下管线有

影响的基坑(槽)。造成深基坑坍塌的主要因素有:边坡未放坡或边坡坡度不符合要求;超挖;在坑边1.0 m范围内堆土,或堆放建筑材料以及设备,或在坑边1.0 m范围外堆土,但堆土高度超过要求;雨季坑内未及时排水,坑外未及时防洪截流。

②脚手架和模板支撑坍塌。造成脚手架和模板支撑坍塌的主要因素有:搭设、拆除未按已审批的施工方案进行;施工荷载超过允许荷载。

(4)机械设备伤害。

造成机械设备伤害的主要因素有:机械设备安装、拆除时操作不符合规范要求;需做防护的防护措施不到位,如平刨、电锯等;工人操作时违反操作规程要求;机械设备的各种限位、保护装置不符合要求;对机械设备及起重安装机械未做定期检查,或对已检查出存在安全隐患的机械设备未停止使用,未及时整改处理。

(5)物体打击。

造成物体打击的主要因素有:进入施工现场未按要求系戴安全帽,安全帽不合格;脚手架外侧未用密目网封闭,安装施工现场未设防护措施。

(6)中毒。

造成施工现场中毒的主要因素有:施工现场化学物品未按要求存放或使用不当;地下作业时防护、通风措施不符合要求。另外,食堂卫生不符合要求也是易造成群体中毒的主要因素。

(7)火灾。

造成施工现场火灾的主要因素有:易燃易爆等危险品未按要求存放、保管、搬运、使用;在有明火作业时无消防器材或消防器材不足。

以上七个方面是工程施工最常见也是最容易发生事故的重大危险源,监理人员如果不对其进行识别,并采取有效措施进行监控,就有可能发生重大事故。

3 施工过程中对重大危险源的监控措施

监理单位应结合施工单位申报并已审批的施工组织设计和各专项施工方案,在编制监理实施细则时从"人、机、料、法、环"等角度入手,详细编制出对重大危险源的监控措施,采取最佳方式进行监控,并根据工程实际进度、实际情况不断补充完善。

(1)审查施工单位企业资质、安全生产许可证、安全保证体系。

在施工单位进场前,监理单位应对施工单位是否有安全许可证、安全保证体系是否健全进行检查。对无安全许可证和安全保证体系不健全的,监理单位可不同意施工单位进场施工。监理单位还应检查施工单位安全管理人员、三类人员(企业法人代表、项目经理及专职安全员)及特殊工种操作人员是否持证上岗,包括电工、焊工、起重机械工、塔吊司机和信号工、爆破工、垂直运输机操作工等特种工种人员的名册、岗位证书及其他相关证件。对无证人员,项目监理部要禁止其上岗。

在施工单位进场施工后,监理单位还应检查施工单位现场人员是否和申报名册人员相符。

(2)审查施工组织设计、专项施工方案。

监理单位应对施工单位申报的施工组织设计及专项施工方案进行程序性、符合性、针对性审查。审查方案是否经专家论证或施工单位技术负责人签认;审查方案中的控制重大危险源的安全措施是否符合强制性规定,是否附有安全验算结果,是否附有专家审查书面报告;审查方案是否针对本工程特点编制,以及是否具有可操作性。只有在方案符合各项要求时,监理单位才能进行签认。

（3）平行巡查、定期联检。

在施工过程中，监理人员除平时的巡视检查外，还应定期组织施工单位对施工现场进行联合检查，并邀请建设单位参加，以加强监管力度。联合检查的重点是检查施工单位是否已按审批的施工方案组织施工，对重点危险源是否进行重点管理等。

在检查中，发现有重大安全隐患时，应书面要求施工单位整改；情况严重的，应当要求施工单位暂停施工，并及时报告建设单位。施工单位拒不整改或者不停止施工的，监理单位应当及时向主管部门报告。

（4）检查施工单位安全生产责任制和安全教育落实情况。

监理单位还应对施工单位的安全生产责任制和安全教育进行检查，检查是否对进场工人进行岗前安全教育，是否定期对工人进行安全培训等。

第十八讲　水工混凝土冬季施工监控要点

当室外日平均气温连续5天稳定低于5 ℃或当日最低气温低于－3 ℃时，即应采取冬季施工措施，以防止混凝土工程遭受冻害。混凝土工程冬季施工监控要点如下：

（1）对进入冬季施工的工程，应立即下达监理工程师通知单，或召开监理例会（下达例会纪要），要求施工单位组织专人编制冬季施工方案报监理部审批。冬季施工方案编制的原则是：确保工程质量；经济合理，使增加的费用最少；所需的热源和材料有可靠的来源，并尽量减少能源消耗；确实能缩短工期。冬季施工方案应包括以下内容：施工程序；施工方法；现场布置；设备、材料、能源、工具的供应计划；安全防火、防滑措施；测温制度和质量检查制度等。

（2）认真复核施工图纸，核查施工图纸是否适应冬季施工要求,工程结构能否在冷状态下安全过冬等问题。如有问题,应及时上报监理部,与设计单位沟通,通过图纸会审解决。

(3)低温季节进行混凝土工程施工,可采取增加骨料堆高、覆盖保温、掺加防冻剂和热水拌和等措施,保证混凝土拌和物的入仓温度不低于5 ℃,水泥应储存在暖棚里。根据实物工程量,提前要求施工单位组织冬季施工机具、供热设备、外加剂和保温材料进场。

(4)采用热水拌和混凝土,但拌和水温度一般不超过60 ℃,水泥不得与80 ℃以上热水直接接触,以防水泥"假凝"。

(5)认真做好混凝土拌和系统的保温防冻工作,拌制掺有外加剂的混凝土时,混凝土拌和时间比常温季节适当延长50%。

(6)认真核查施工单位掺用外加剂人员、测温保温人员、锅炉司炉工和火炉管理人员的上岗证件。严格监控冬季施工混凝土、砂浆及外加剂的试配试验工作,采用的外加剂应有出厂合格证,各项技术指标符合相关标准要求。未经试配试验的外加剂严格禁止使用,禁止在钢筋混凝土中掺用氯盐。

(7)混凝土浇筑前,应清除模板仓内和钢筋上的冰雪及污垢。拌制混凝土所采用的骨料应清洁,不得含有冰、雪、冻块及其他易冻裂物质。在掺有含钾、含钠离子的外加剂时,不得使用活性骨料或混有活性材料的骨料。

(8)各类建筑物混凝土浇筑完毕后,要对混凝土及时保温养护,但当日平均气温低于5 ℃时,不得浇水养护。新浇筑的混凝土表面应先铺一层塑料薄膜后,覆盖干燥的保温材料进行保温。

(9)密切关注地方气象台站的有关天气信息,防止寒流突然袭击。认真检查施工单位对早期混凝土的保温防冻以及大体积混凝土温控防裂等工作。

(10)督促施工单位认真做好冬季施工的安全防火防滑工作。

第十九讲 土方渠道填筑工程施工质量监控要点

1 土方渠道填筑工程施工质量监控的一般要求

（1）为适应土方渠道填筑工程施工的需要，规范施工程序和施工技术，确保工程质量，不留隐患，使修筑的渠道工程达到设计标准，应制定监理实施细则，以利于开展现场监控工作。

（2）监理工程师在开工前应对设计文件和施工技术方案进行深入研究，督促承包单位落实各项技术措施，充分做好施工机械、施工器具、检测设备和技术交底等准备工作，以便根据施工进度计划对工程实施科学监控。

（3）根据设计文件要求，承包单位对划定取土区设立标志，对开挖范围、开采条件及土料储备量进行确认与估算，并对料场周边环境及运输道路等进行踏勘和复查。

2 筑渠土料的监控

（1）由承包单位普查料场土质和土料的天然含水量。采集代表性土样，按规范要求，由具有相应资质的试验室做土的击实试验，确定土料的最大干密度、最优含水量。

（2）淤土、杂质土、膨胀土、分散性黏土等特殊土料，一般不宜用于填筑渠身，若必须采用，应有技术论证并需指定专门施工工具，同时须经设计单位认可并报监理工程师批准。

（3）料区开采前，必须将其表层杂质和耕作土层、植物根系等清除。水下料区开挖前须将积水排净，表层稀淤泥土清除后且土壤含水量适宜时方能使用。

（4）土料的开挖方式：土料的天然含水量接近施工控制下限

值时,宜采用立面开挖;若含水量偏大,宜采用平面开挖;当层状土料有须剔除的不合格料层时,宜用平面开挖;冬季施工采用立面开挖。

(5)土料储量应大于填筑需要量的 1.5 倍,且土料不得夹有树根、草皮、石块等杂物。

3 渠基清理监控要点

(1)渠基清理范围,其边界应超出设计基础面边线 30 ~ 50 cm。

(2)渠基表层不合格土、杂物等必须清除,并应按指定的位置堆放;渠基范围内的坑槽、井窖、墓穴及动物巢穴等,应按堤身填筑要求标准进行回填处理。

(3)渠基清理完后,应在第一层土料填筑前进行平整、压实,使其质量符合设计要求;同时,报监理工程师与建设单位会同设计部门共同验收,经检查合格后,才能进行渠身填筑施工。

(4)渠基积水应及时排除,当渠基冻结后有明显冰夹层和冻胀现象时,未经处理不得在其上施工。

(5)当渠基地质比较复杂、施工难度较大或无现成规范可遵循时,应进行必要的技术论证,并应通过现场试验,取得有关技术资料与参数,报监理工程师认可。

(6)基面验收后,应抓紧施工,若因故不能立即施工,应要求承包单位做好基面保护;复工前应经过监理工程师检验,必要时要重新清理。

(7)当渠基为软弱层,采用挖除软弱层换填砂土时,应按设计要求,用中砂或砂砾铺填后及时压实;若换壤土,其压实干密度需满足设计要求。

(8)对于强风化岩石渠基,除按设计要求清除松动岩石外,筑土渠身时,基面还应涂刷黏土浆层,层厚宜为 3 mm,然后进行渠身填筑。

(9)对于裂缝或裂隙比较密集的基岩,当采用水泥固结灌浆或帷幕灌浆进行必要处理时,施工单位应提供施工技术方案,报监理工程师审批,并按《水工建筑物水泥灌浆施工技术规范》(DL/T 5148—2012)的规定及设计要求控制。

4 土方渠道填筑工程碾压控制

(1)土方渠道填筑施工前,应编制详细的土方填筑施工方案,报监理工程师审批,同时应编制作业指导书,对有关施工人员进行技术交底。

(2)土方渠道填筑应保证干场作业。

(3)碾压试验场地一般选在料场附近。用试验土料先在地基上铺压一层,压实到设计标准,将这一层作为渠身基层进行碾压试验。碾压试验的场地面积不小于 20 m×30 m。将试验场地以长边为渠轴线方向划分为 10 m×15 m 的 4 个试验小区,做不同的碾压试验。

(4)应采用选定的配套施工机械铺料,铺料厚度应根据碾压机械性能和土质确定,用进退错距法依次碾压。碾压机械行走方向应平行于渠身轴线,搭压宽度应大于 10 cm。铲运机兼作压实机械时,宜采用轮排压法,轮搭压轮宽的 1/3。机械碾压控制行车速度:平碾为 2 km/h,振动碾为 2 km/h,铲运机为 2 挡。

(5)碾压试验应测定铺土厚度、碾压(夯击)遍数、土样含水率控制范围。每个试验块取样 10～15 个,复核试验取样不少于 30 个。根据试验结果,绘制不同铺土厚度、不同碾压遍数时的干密度与含水率的关系曲线。确定全部参数的最优值后,再进行一次复核试验,如结果满足设计、施工要求,报监理工程师签认后,可定为施工碾压参数。

(6)土方渠道填筑施工必须分层分段,逐层压实,均衡上升。

每段填筑长度根据碾压机械及工程实际情况确定,段与段之间交接处应填成阶梯形,其高宽比一般为1:2,上下层错缝距离不小于1 m,严禁通缝。

(7)渠基地面若起伏不平,应按水平分层由低层开始逐层填筑,不得顺坡填筑,渠道横断面上的地面坡度陡于1:5时,应将地面坡度削至缓于1:5。

(8)用平碾碾压黏性土填筑层,检验合格后,在新铺土料前应对光面做刨毛处理。

(9)如需进行雨季施工,应编制雨季施工方案并报监理工程师审批。

(10)如需冬季施工,应编制冬季施工方案并报监理工程师审批。

(11)每层铺土前,施工测量人员用水准仪在每层填筑作业面合适的位置做上土控制桩,用以控制土料铺土厚度和控制渠身进度高程。

(12)每层土料压实经检验压实干密度合格后,方可继续铺筑第二层(采用环刀法、灌砂法检测填土干密度)。

第二十讲 监理员现场监理检测知识(10例)

1 关于混凝土工程的现场取样(试块)

(1)水工混凝土工程施工进行现场取样(试块)的原因。

设计要求的混凝土标准强度是在试验室标准条件下进行的,即混凝土标准养护条件为:温度20 ℃±3 ℃,相对湿度90%以上(处于潮湿空气中),养护28天,做抗压试验,抗压试验结果即为设计标准。

但是,在标准养护条件下的混凝土强度不能准确反映在自然条件下硬化的混凝土强度(工程实体)。因此,规范要求:工程施工时必须留置与水工建筑物同条件养护试块作为依据。所以,水工混凝土工程施工要进行现场取样。

(2)混凝土试块现场取样操作要点。

为准确反映出混凝土的实际强度,现场试块装模操作应符合以下要求:

①钢模装入混凝土前,应内壁干净,并涂一层清机油以利于脱模。

②利用人工插捣,将混凝土分两层装入钢模中,每层厚度相等,每装一层,用 16 mm 插捣棒插捣 25 次(150 mm × 150 mm × 150 mm钢模)或 50 次(200 mm × 200 mm × 200 mm 钢模)。

③插捣混凝土时,按螺旋方向从边缘向中心均匀地进行。插捣下层时,插捣棒应插至钢模底板;插捣上层时,插捣棒应插入下层 2 ~ 3 cm 处。

④面层插完后,用泥抹沿钢模壁插捣数下,以消除混凝土与模壁之间的气泡。然后用泥抹刮去表面多余的混凝土,将表面抹光,表面稍高于模顶。静置半小时后,再抹光压平,误差不超过 ±1 mm。

2 关于检测混凝土坍落度的操作要点

(1)检测混凝土坍落度的方法。

众所周知,混凝土的和易性是保证混凝土工程质量和便于施工操作的重要条件。和易性好,能使混凝土搅拌均匀透彻,在运输过程中不易造成水泥、砂、石子和水互相分离,并且便于入仓浇筑;和易性不好的混凝土,施工比较困难,质量也难以保证。

混凝土的和易性是以坍落度来表示的,坍落度的现场测定方法是:将高 30 cm、上下口直径分别为 10 cm 和 20 cm 的圆形铁筒放置在平板上,把搅拌好的混凝土分 3 层装入筒中,每次装入量相等,每放一层都要用直径 16 mm、长 650 mm 的圆头铁棒插捣 25 下,每次都要插到下一层表面,最后一次刮平表面,然后小心地将圆筒缓慢垂直提起,混凝土顶部与圆筒顶部之高差即为坍落度的数值(单位以 cm 计)。

(2)检测和控制坍落度的意义。

影响混凝土坍落度最主要的因素是加水量,如果砂石料的品质和级配与配合比不变,则坍落度的增减表示水量的增减;如果砂石料的湿度与加水量控制得很准确,则坍落度的变化表示砂石料的级配有了变化。因此,现场检测坍落度,不仅能够反映混凝土和易性的优劣,而且还可以控制加水量、水灰比及骨料级配等。监理人员在现场施工中,如果通过坍落度的试验,发现坍落度与设计要求的数值不符,则应要求承包单位对坍落度进行调整,使其满足设计与施工方面的要求。

3 混凝土的水灰比和水胶比

混凝土的水灰比是指单位体积中水与水泥的质量比值,混凝土的强度主要取决于其水灰比。水灰比的倒数为灰水比,当灰水比为 1.2~2.5 时,混凝土的强度与灰水比近似地呈线性关系(正比)。

混凝土的水灰比大,相应用水量也大,除影响强度外,其力学指标和变形指标也会降低,可以说百害而无一利。但水多了,可以改善混凝土的和易性,便于施工浇筑操作。所以,施工规范中有最大水灰比和最小水泥用量的限制。目前,既要减少用水量,又要满足施工操作需要的这一矛盾,可以用掺入适量减水剂来解决。

水胶比(水的质量/水泥和矿物掺合料的质量)是近年来发展高强混凝土(HSC)和高性能混凝土(HPC)提出的,两者都需要矿物掺合料,例如磨细矿渣、优质粉煤灰、硅灰、磨细沸石粉等,矿物掺合料一般都有活性,并具有较高的工作性和抗渗性,可以替代水泥50%以上的胶凝作用。如前所述,HSC 和 HPC 均要求低水胶比(0.2~0.5),这与普通混凝土的水灰比性质是一样的。

4 减水剂的减水机制

试验证明,在混凝土中,满足施工操作要求的水仅占水泥用量的 20%~25%。当混凝土入仓浇筑成型后,满足施工操作要求的水就成了混凝土中的有害成分,因为这些游离水的蒸发,加大了混凝土内部的孔隙率,直接影响了混凝土的强度、耐久性、抗渗性和收缩性等。

在混凝土中加入减水剂,可以缓解这一矛盾。例如,在混凝土中掺入水泥用量 0.2%~0.5% 的普通减水剂,在保持和易性不变的情况下,能减水 8%~20%,提高混凝土强度 10%~30%。如掺入水泥用量 0.5%~1.5% 的高效减水剂,则能减水 15%~25%,使混凝土强度提高 20%~50%,而且还能提高混凝土的抗渗性和抗冻性。

减水剂减水是靠其表面活性的作用。减水剂溶液吸附于水泥颗粒表面使颗粒带电,颗粒间由于带相同电荷而相互排斥,使水泥颗粒分散,从而释放颗粒间多余的水,达到减水的目的。

另外,在混凝土中加入减水剂后,水泥颗粒表面形成吸附膜,影响水泥水化速度,使水泥晶体生长更完善,从而提高水泥混凝土强度及密实性。表面活性剂的吸附作用,还降低了水的表面张力或界面张力,使水泥颗粒溶剂化层显著增厚,从而增加了水泥颗粒间的活动能力,改善了混凝土拌和物的和易性。在保持水灰比不变的情况下,掺减水剂能使混凝土坍落度增加 50~100 mm,不仅达到减水的目的,也方便了混凝土入模的振捣,受到操作者的欢迎。

5 如何使用混凝土缓凝剂

常用的混凝土缓凝剂类别和品种主要有木质素磺酸盐(木质素磺酸钙)、羟基羧酸(柠檬酸、酒石酸、葡萄糖酸)、糖类及碳水化合物(糖蜜、淀粉)以及无机盐(锌盐、硼酸盐、磷酸盐)等。在混凝土中掺入适量的缓凝剂,不仅可以起缓凝作用,而且有利于混凝土后期强度的发展。

那么,在什么情况下混凝土需要缓凝呢?

(1)当浇筑大体积混凝土时,需要延长水泥水化热的散热时间,以避免出现温度裂缝。

(2)高温季节浇筑混凝土,为防止运距较长,混凝土过早凝结、坍落度损失过快时。

(3)泵送混凝土以及滑模施工时。

使用缓凝剂需要注意的问题如下:

(1)使用缓凝剂的混凝土因有缓凝作用,故要延长养护时间3~5天。

(2)严格控制缓凝剂的掺量,多掺或掺用不均匀会引起混凝土疏松和长期不凝固,强度亦会降低。

(3)采用缓凝剂会增加混凝土泌水现象,尤其是水灰比大、水泥用量低的混凝土。

(4)不宜用于最低气温在5℃以下的混凝土施工。

(5)规范规定:使用有机类缓凝剂,应先做水泥适应性试验。

6 环刀法检测填土干密度操作要点

引用标准:《岩土工程仪器基本参数及通用技术条件》(GB/T 15406—2007)、《土工试验仪器 环刀》(SL 370—2006)、《切土环刀校验方法》(SL 110—95)。

(1)仪器设备：

环刀（按 GB/T 15406—2007 规定）。

天平：称量 500 g，分度值 0.1 g；称量 200 g，分度值 0.01 g。

切土刀、钢丝锯、凡士林等。

(2)仪器检验：环刀按 SL 110—95 规定进行检验。

(3)操作步骤：

①环刀内壁涂一薄层凡士林，刀口向下放在土样上；

②用切土刀或钢丝锯将土样削成略大于环刀直径的土柱，然后下压环刀，边压边削，至土样伸出环刀为止，将两端削平（修平），取剩余的代表性土样测定含水率（又称含水量）；

③擦尽环刀外壁并称量，精确至 0.1 g，直接称出湿土质量。

(4)按公式计算湿密度及干密度：

湿密度 $\rho = m/V$（m 为湿土质量，V 为环刀容积）。

干密度 $\rho_a = \rho/(1+\omega)$，精确至 0.01 g/cm^3。

其中，求 ω（含水率，%）采用酒精燃烧法。

仪器：天平（称量 200 g，分度值 0.01 g），酒精（浓度为 95%），滴管，火柴，调土刀等。

操作步骤：

①取试样土（黏质土 5~10 g，砂质土 20~30 g）放入称量盒内，称湿土质量；

②用滴管将酒精注入土盒中，至出现自由面止，使酒精充分湿至均匀；

③点燃酒精至燃熄为止；

④冷却数分钟，重复 2~3 次。第三次后盖盒，称干土质量，精确至 0.01 g。

含水率 ω =（湿土质量 – 干土质量）/干土质量。

例如，已知某碾压后的土层湿密度（天然密度）为 1.98 g/cm^3，求含水率 ω。

取此湿土 200 g，用酒精燃烧法烧干后得干土质量为 167 g，则得 $\omega = (200\text{ g} - 167\text{ g})/167\text{ g} \times 100\% = 20\%$。

代入公式求压实土层的干密度 = $1.98/(1 + \omega) = 1.65$ (g/cm³)。

如已知 γ_{max}（最大干密度）为 1.80 g/cm³，又已知压实度为 90%（设计值），则得控制压实密度：

$$\gamma_{控} = 0.9 \times 1.80 \text{ g/cm}^3$$
$$= 1.62 \text{ g/cm}^3$$

检测结果：因碾压后的土层干密度为 1.65 g/cm³ > 1.62 g/cm³，故结论为碾压合格。

7 灌砂法检测填土干密度简介

（1）工具及材料：铁铲、挖土勺、直尺及干燥标准砂等。

（2）操作方法：

①在压实的土基面上找平；

②挖边长为 50 cm 的正方形小坑，深度不小于 30 cm；

③小心将土取出并称量（W）；

④用已知松散容重为 γ 的干燥标准砂将坑填满，填入的砂勿受振动，并用直尺沿坑顶面将砂刮平；

⑤由填砂质量（G）和松散容重（γ）可计算出砂坑体积 $V = G/\gamma$；

⑥得出土的干密度 $\rho_a = W/V$。

其中：W 的单位为 g；

γ 的单位为 g/cm³；

G 的单位为 g；

V 的单位为 cm³；

ρ_a 的单位为 g/cm³。

8 气象、天气与水利施工

在水利工程建设过程中,天气的变化往往会直接影响工期、质量、投资费用以及施工安全。监理人员通过认识天气变化的一些规律,了解一些基本天气与气象知识,并运用于相应的施工管理过程,从而可以预防一些重点天气条件对建设工程的影响。

(1)气象与天气。

包围着地球表面的一层空气称为大气。大气中时刻进行着各种不同的物理过程,出现各种各样的自然现象,如风、云、雨、雪、霜、冰雹等物理现象,称为气象。

天气是指某一地区在一定时段或某时刻内大气的状态,如冷暖、阴晴、风、云、干湿及降水等。

主要的天气现象如云、雾、降水等都发生在对流层。对流层是紧接地面的大气最低层,平均厚度为 11 000 m,向上依次为平流层、中间层、热层和散逸层。

(2)气温。

气温是用来表示大气冷热度的物理量,通常所说的气温是指气象站的百叶箱中距离地面 1.5 m 高处空气的温度。

气温是工程建设中需要考虑的影响条件之一。根据温度变化合理安排施工程序,不仅可使工程成本最小化,还可提高工程质量、加快工程建设进度、确保安全施工。混凝土浇筑后应根据周围环境气温确定相应的养护措施,如冬季施工期间为确保混凝土不受冻,应及时予以覆盖保温养护。

国家重点工程南水北调中线干线标准《渠道混凝土衬砌机械化施工技术规程》中对气温与施工有以下规定:

①风天施工:适当调整混凝土外加剂的掺量和用水量,确保混凝土入仓坍落度满足施工要求,同时应进行混凝土表面喷雾养护。

②高温施工:日最高气温超过 30 ℃时,宜在早晨、傍晚、夜间

施工并采用添加缓凝剂、控制水温等措施;超过 35 ℃时,应停止施工。

气象界将日极端最高气温大于或等于 35 ℃的天气定为高温天气。高温天气施工时,重点是加强安全管理,如合理安排作息时间,防止因高温季节食物变质而引发的食物中毒。根据深大基坑内热量聚集且不易散热的特点,合理安排施工进度,避免深大基坑内的各露天施工工序在高温天气施工。

③低温施工:当日平均气温连续 5 天稳定在 5 ℃以下或现场最低气温在 -3 ℃以下时,应采用添加防冻剂、控制水温等措施,以保证混凝土入仓温度不低于 5 ℃;当日平均气温低于 0 ℃时,应停止施工。

(3)湿度、绝对湿度与相对湿度。

湿度是用来表示空气中水汽含量多少或空气潮湿程度的物理量,工程上常用绝对湿度、相对湿度描述。单位体积空气中所含的水汽含量称为绝对湿度。某气温时单位体积空气中所含的水汽质量与该气温时单位体积空气中的最大水汽质量之比称为该气温时的相对湿度,相对湿度较小时空气中水的蒸发力较大。

湿度与工程建设的关系较大,涉及范围较广。

钢材锈蚀速度随周围环境湿度的增加而加快;混凝土、砂浆试块的标准养护条件对湿度的要求很严,要求相对湿度达 90%以上。

钢筋混凝土结构钢筋保护层设置一定厚度,其主要的目的是隔离外界环境中的水汽等因素对内部钢筋可能带来的腐蚀;暴露在自然环境中的钢结构以及用于地下隧道的钢结构,为防止腐蚀和提高耐久性,必须采取相应的防腐涂装。

(4)风。

因不同区域空气温差引起的空气在水平方向的运动叫作风。风包括风速和风向两个特征,风速是指空气在单位时间内水平运动的距离,风向是指风的来向。

高温季节施工期间,适当的风可以减缓高温酷暑带来的不适;深基坑施工期间如遇高温天气,热量的积蓄可造成基坑内温度高于正常气温,一定的风可以降低基坑内的温度、改善基坑部位的施工环境;某些容易产生有毒、有害物质的施工场所,如隧洞、地下工程等,适当、连续地通风可降低污染物的浓度。

6级以上的大风对高空施工作业来说是重大安全危险源,此时塔吊吊装必须停止作业,施工作业人员必须转移至安全的作业面。

监理工程师在了解风对工程建设影响的同时,还应知晓季风、台风和飓风的概念。

季风就是以一年为周期的低空盛行风向及相应的盛行气团和天气气候特点随季节转换而发生有规律变化的现象。我国处于冬季盛行西北、北和东北风,夏季盛行东南、南和西南风的气象状态。根据风玫瑰图、气象预报资料,及时了解一段时间内的风速、风向,审查施工单位的进度计划安排,对施工安全、质量控制可达事半功倍的效果。

台风实际上是强烈的热带气旋。热带气旋是发生在热带海洋上的强烈天气系统,它像在流动江河中前进的旋涡一样,一边绕自己的中心急速旋转,一边随周围大气向前移动。气象学上,台风专指发生在北太平洋西部洋面上,近中心最大持续风速达12级以上(每秒32.6 m以上)的热带气旋。至于在大西洋或北太平洋东部发生,达到同样强度的热带气旋,则称为飓风。

台风来临时,一般出现狂风伴随着强降水,每年夏秋季节对我国东南沿海的工程建设常常带来相当大的影响,有时会形成难以估量的灾害。如2004年的"麦莎"台风,对在建的上海洋山深水港工程是一个严峻的考验。尽管当时有关部门根据预报及早采取果断措施,但由于实际风力远远大于12级,狂风吹坏了一些在建工程的屋面、索膜结构的膜面,强降水不能及时排除,淹没了部分地下工程的机电设备。台风的来临无法阻挡,加强对台风的认识和预防的手段,可以降低台风带来的自然灾害的程度。

（5）降水。

地面从大气中所获得的水汽凝结物,总称为降水。它包括两个方面:一是大气中水汽直接在地面或地物表面上凝结的凝结物,如露与霜;二是由空中降落到地面上的凝结物,如雨、雪、霰（下雪前常降落的白色冰晶）、雹、雾凇、雨凇等。

降水对工程建设的影响总体来看是各有利弊。雨、雪、雹等降水对工程建设的进度影响是显而易见的,如梅雨季节的绵绵阴雨,夏秋季节频繁、量大的降雨,冬季的降雪。另外,降水对工程质量也会产生不利的影响,如刚刚完成的砌体、混凝土面层经冲刷后修复难度较大。然而降水对具有一定强度的砌体、混凝土面层的养护是有益的,同时对改善施工现场的空气质量、降低扬尘方面也功不可没。

出现霜、雪、雾凇、雨凇等降水,一般为冬季施工期间,此时浇筑混凝土、回填土等工序应按照冬季施工方案实施。

通过气象预报以及相关气象信息采集整理,可督促施工方妥善安排施工进度,最大限度地减少降水对进度、质量、安全、文明施工的影响。

9 混凝土施工配合比计算

由试验室提供的混凝土配合比,都是按砂、石骨料处在干燥情况下计算的。但是,在施工现场堆放的砂、石骨料由于露天原因,经常含有一定水分。因此,在施工时,应根据砂、石骨料的实际含水率求出湿骨料的实际用水量,并相应减少加水量,此时的配合比,称为现场施工配合比。

例如,某渡槽混凝土设计强度等级为C30,采用 P. O42.5 水泥,人工砂、石骨料。由试验室提供的混凝土配合比为:水泥:砂:石:水 = 1:2.12:3.25:0.4,单位水泥用量为 338 kg/m³。砂的饱和面干吸水率为 1.2%;石子的饱和面干吸水率为 0.6%。实际现场测得砂的含水率为 4.0%;石子的含水率为 0.2%。试计算该部位混凝土施工配合比的各种原材料用量。

(1)根据《水工混凝土施工规范》(DL/T 5144—2001)规定,水工混凝土施工配合比中骨料应以饱和面干为基准。这样,在进行混凝土施工配合比设计时,由试验室提供的砂、石骨料均应以饱和面干为基准进行配合比计算。

(2)一般人工砂、石的饱和面干吸水率:人工砂为 0.8% ~ 1.4%;石子为 0.4% ~ 0.8%。根据试验室提供的配合比(水泥:砂:石:水 = 1:2.12:3.25:0.4)计算:

水泥用量 = 1 × 338 = 338(kg/m³);

砂用量 = 2.12 × 338 = 717(kg/m³);

石子用量 = 3.25 × 338 = 1 098(kg/m³);

水用量 = 0.4 × 338 = 135(kg/m³)。

(3)由于现场测得人工砂、石具有一定的含水率,这样骨料中就存在多余的水分,这部分水量在计算配合比时应予扣除;但如果砂、石现场含水率小于其饱和面干吸水率,则应补充相应不足的水量。本例中实际情况是砂的含水率有余,石子的含水率不足,所以砂多余的含水率 = 4.0% − 1.2% = 2.8%;石子含水率不足部分 = 0.2% − 0.6% = −0.4%。

由上可知:砂中有多余水分,石子中为满足饱和面干含水率尚需补充 0.4% 的水分。

计算结果如下:

砂实际用量:717 × (1 + 2.8%) = 737(kg/m³);

砂多余的含水量:717 × 2.8% = 20(kg/m³);

石子实际用量:1 098 × (1 − 0.4%) = 1 094(kg/m³);

石子需要补充水量:1 098 ×0.4% =4.4(kg/m³);

最后计算混凝土实际总用水量:135 - 20 + 4.4 = 119.4(kg/m³)。

扣除(补充)砂、石含水率后,使砂、石骨料处于饱和面干状态的当天混凝土施工配合比的各种原材料拌和楼称量值如下:

水泥用量 = 1 × 338 = 338 kg/m³;

砂用量 = 737 kg/m³;

石子用量 = 1 094 kg/m³;

水用量 = 119.4 kg/m³。

10 预防混凝土工程碱骨料反应

(1)碱——氧化钠和氧化钾。

(2)碱骨料反应——混凝土碱骨料反应(AAR)是指混凝土中的碱与骨料中能与碱起反应的活性成分(主要是 SiO_2、白云石晶体)在混凝土硬化过程中吸水逐渐发生膨胀性化学反应,导致混凝土工程产生开裂破坏的现象。

(3)混凝土的总碱量——混凝土中水泥、掺合料、外加剂等原材料含碱质量的总和,以当量氧化钠表示,单位为 kg/m³。

(4)预防混凝土碱骨料反应的技术措施。

Ⅰ类工程——普通永久地面建筑物,如厂房、仓库等。

Ⅱ类工程——地面输水工程,如输水明渠、桥墩。

Ⅲ类工程——不允许发生开裂破坏的工程部位及重要预制构件,如渡槽槽身、闸室、预应力混凝土以及开裂后难以进行修复的倒虹吸管身、隧洞等。

干燥环境:Ⅰ类工程总碱量≤3.0%;Ⅱ、Ⅲ类工程同Ⅰ类工程,即总碱量≤3.0%。

潮湿环境:Ⅰ类工程总碱量≤3.0%,Ⅱ、Ⅲ类工程总碱量≤2.5%。

含碱环境:严禁使用碱活性或疑似碱活性骨料。

（5）工程管理与验收（防碱）。

①设计单位:设计时,对料场骨料做碱活性检验,提出预防措施,并通知建设单位。

②施工单位:在施工建设中提出具体措施,并报监理审批后执行。

③监理单位:对混凝土所用砂石料、外加剂、矿物掺合料,必须由通过省级以上相应机构资质认证的单位出具检测报告,未经检测的混凝土原材料禁止在工程上使用。

④水泥厂家:每生产批量水泥均须做碱含量检测,外加剂厂家亦应提供碱含量出厂化验单。

⑤使用单位:应定期分批对进场混凝土原材料进行验收检验,取样方式按《水工混凝土施工规范》（DL/T 5144—2001）执行。

⑥严格控制混凝土施工配合比及混凝土的总碱量,采取施工组织设计中的预防措施。

⑦混凝土拌和楼（站）、混凝土制品厂家,在接收有防碱要求的混凝土制品时,应采取相应技术措施。

⑧在进行有碱活性的混凝土结构验收时,有关防碱资料、措施、报告及试验资料一律核实签字存档。

参 考 文 献

[1] 全国人民代表大会常务委员会. 中华人民共和国建筑法[S]. 北京:中国建筑工业出版社,1997.

[2] 中华人民共和国建设部. 建设工程监理规范(GB 50319—2000)[S]. 北京:中国建筑工业出版社,2001.

[3] 中华人民共和国国务院. 建设工程质量管理条例[S]. 北京:中国建筑工业出版社,2000.

[4] 中华人民共和国国务院. 建设工程安全生产管理条例[S]. 北京:中国建筑工业出版社,2003.

[5] 中华人民共和国水利部. 水利工程建设项目施工监理规范(SL 288—2003)[S]. 北京:中国水利水电出版社,2003.

[6] 中华人民共和国建设部. 建设工程文件归档整理规范(GB/T 50328—2001)[S]. 北京:中国建筑工业出版社,2002.

[7] 吴钖桐. 建设工程施工现场监理人员实用手册[M]. 上海:同济大学出版社,2001.

[8] 刘文锋. 建设法规概论[M]. 北京:高等教育出版社,2001.

[9] 李清立. 建设工程监理[M]. 北京:机械工业出版社,2003.

[10] 王杯栋. 对见证取样和送检工作的几点认识[J]. 建设监理,2003(2).

[11] 冯瑞云. 监理日记规范化势在必行[J]. 建设监理,2003(3).

[12] 孙姝芳. 浅谈监理工程师应如何抓好施工质量的事前控制[J]. 建设监理,2003(6).

[13] 王汉中. 工程监理工作中的测量监理内容[J]. 建设监理,2004(2).

[14] 张延辉. 试论监理不到位与监理越位[J]. 建设监理,2005(1).

[15] 徐光耀. 浅议塔吊安全的监理职责[J]. 建设监理,2005(4).

[16] 王发廷. 试论国家重点工程建管特色及监理服务质量的提高[J]. 建设监理,2011(5).

[17] 郭汉生. 对南水北调工程建设实施"飞检"的粗浅体会[J]. 建设监理,2013(6).

[18] 李学伟.膨胀土地区渠道挖填工程施工质量监控要点[J].建设监理,2013(6).

[19] 李学伟.南水北调中线宝郏段混凝土质量通病监控技术[J].黄河水利职业技术学院学报,2013(4).

[20] 朱搏龙.对当前监理日记若干问题的分析与探讨[J].建设监理,2013(8).

[21] 潘学友.水工混凝土养护机理与施工监控要点[J].建设监理,2014(2).